GÜTERS DIE
LOHER VISION
VERLAGS EINER
HAUS NEUEN WELT

Robert Hofrichter

Das geheimnisvolle Leben der Pilze

Die faszinierenden Wunder
einer verborgenen Welt

Man kann sich die Revolution kaum vorstellen,
die auf dem Land ausbricht,
wenn plötzlich die Pilze kommen:
Die Kunde von ihrem Erscheinen verbreitet sich
wie ein Lauffeuer von Hütte zu Hütte ...

Piero Calamandrei

Meiner Frau Maruška gewidmet,
die seit jenem denkwürdigen Pilzjahr 1980
immer noch mit mir durch die Wälder streift.

INHALT

Liebe Leserinnen und Leser,

willkommen auf dem Planeten der Pilze! Seine Wälder, Wiesen, Parks und Gärten sind bevölkert von diesen geheimnisvollen Geschöpfen; selbst in der Tiefe der Ozeane und in Raumstationen im Orbit sind sie zu finden. Unsere Vorfahren in den Savannen und Wäldern haben sich intensiv mit ihnen beschäftigt. Wir müssten sie also eigentlich viel besser kennen, als wir es tatsächlich tun.

Um Sie vertrauter zu machen mit diesen oft unscheinbaren und manchmal unsichtbaren Begleitern, lade ich Sie ein zu einer unterhaltsamen Wanderung durch die Welt der *Fungi*, wie Pilze wissenschaftlich heißen. Für einen pilzliebenden Biologen wie mich ist es eine ebenso verantwortungsvolle wie beglückende Aufgabe, Sie dabei begleiten zu dürfen. Gemeinsam wollen wir dem in Vergessenheit geratenen Pilzgeflüster des Waldes lauschen. Vielleicht erfahren wir etwas, das die Grenzen unseres Naturverständnisses neu bestimmt, uns sozusagen zu einer *Grenzerfahrung* verhilft? Denn nach unseren Streifzügen werden Sie – so hoffe ich – den Pilzen in Ihrer Wahrnehmung der Welt einen weit bedeutenderen Rang einräumen als bisher.

Dieses Buch ist kein Bestimmungsbuch oder Pilzatlas. Hier geht es nicht um das Finden und Zubereiten von Pilzen. Es geht mir vielmehr darum, Sie zum Staunen zu bringen über eine unbekannte Welt und ihre faszinierenden Zusammenhänge.

11

Diese Zusammenhänge, die Zusammengehörigkeit allen Lebens auf der Erde, bieten uns in Zeiten der Entfremdung von der Natur und ihrer Zerstörung positive Inspiration. *»Erst im Wald kam alles zur Ruhe in mir, meine Seele wurde ausgeglichen und voller Macht«*, schrieb Knut Hamsun. Die segensreichen und fördernden Einflüsse auf unsere Gesundheit bewirken die unzähligen Lebewesen des Waldes – und natürlich auch die Pilze. Diese Lebewesen arbeiten erstaunlich oft nicht in »darwinistischer« Konkurrenz gegeneinander, sondern kooperativ zusammen. Sie werden in diesem Buch manches über Symbiosen lesen und darüber, dass die überragende Bedeutung von Zusammenarbeit in dem Bild, das wir von der Natur haben, irgendwie untergegangen zu sein scheint. Gerade Pilze sind ein Sinnbild der Kooperation. Ihr Myzel, ein unvorstellbar großes Geflecht des Lebens, erzählt von der Vernetzung der Lebewesen und vom Austausch von Stoffen und Energien zum gegenseitigen Nutzen und von einer Kommunikation auch jenseits der Tierwelt.

Mit unserer mykologischen Wanderung verbinde ich meine Überzeugung, dass allzu trockene und ausschließlich naturwissenschaftliche Beschreibungen die Freude an der Wahrnehmung der Natur manchmal eher behindern können. Natürlich verdankt sich alles, was Sie im Folgenden lesen, wissenschaftlicher Forschung. Aber mir geht es hier nicht nur darum zu zeigen, was in der Welt der Pilze alles gemessen, gewogen und systematisiert werden kann. Mir geht es darum, auf unserer Wanderung auch in Ihnen die Entdeckerlust zu wecken, die mich wie jeden Wissenschaftler antreibt. So möchte ich Ihnen Mut machen, den Geschichten der Pilze zu lauschen. Vielleicht werden Sie am Ende des Buches dann mit mir unser oft so auf den Menschen bezogenes Weltbild um einige mykozentrische Aspekte ergänzen.

Der besseren Lesbarkeit wegen verzichte ich darauf, bei jeder Erwähnung gängiger Pilzarten wie Fliegenpilz, Steinpilz und Pfifferling deren wissenschaftlichen Namen hinzuzufügen. Die wissenschaftlichen Namen aller im Buch erwähnten Pilze werden aber im Anhang zusammengefasst. Nur dort, wo es für das Verständnis des Textes sinnvoll erscheint, finden sich die wissenschaftlichen Namen von Arten und übergeordneten Verwandtschaftskreisen direkt im Text.

Sollten mir unbeabsichtigt Fehler unterlaufen sein, was bei der Menge an Informationen und Quellen mit hoher Wahrscheinlichkeit passiert ist, bitte ich Sie um Nachsicht.

Ihr Robert Hofrichter
Salzburg, im Dezember 2016

ÜBERHÖREN SIE DAS PILZGEFLÜSTER NICHT!

Wahrhaft große Dinge aus der Stille des Waldes

....

Alles wird immer lauter, immer greller, immer schneller.
Doch unser Gehirn ist dafür nicht gemacht,
es stammt aus einer Zeit, als es noch Lagerfeuer gab
und klare Sternenhimmel und echte Ruhe.

Tim Schlenzig, mymonk.de

Bisher dachten wahrscheinlich auch Sie, dass es im Bereich des ohne Mikroskop sichtbaren Lebens vor allem zwei Arten von Kreaturen gebe: Pflanzen und Tiere. Aber das stimmt nicht: In Wirklichkeit bevölkern *drei* große Formen höheren Lebens unseren Planeten. Die Dritten im Bunde, die Pilze, sind mindestens ebenso verbreitet und allgegenwärtig wie Tiere und Pflanzen. Und die Bedeutung der Pilze ist weit größer, als wir in der Regel erwarten und vermuten. Es gibt sie nämlich nicht nur als die aus dem Wald vertrauten *Schwammerl*, sondern auch als Mikroorganismen – und diese sind bekanntlich überall. Darum werden Sie es bei unserer Wanderung vielleicht ab und an mit der Angst zu tun bekommen. Wussten Sie, dass sich in jedem Ihrer Atemzüge mindestens zehn Pilzsporen finden? Wenn Sie das nicht erschreckt: Warten Sie, bis wir gemeinsam ein wenig medizinische Mykologie betreiben ... Allerdings: Bei allem Erschrecken werden Sie auch grenzenlos staunen, da bin ich mir sicher.

Beginnen wir aber mit einigen elementaren Dingen: Pflanzen fangen mit ihren Chlorophyll enthaltenden

Blättern die Energie der Sonne und Kohlendioxid aus der Luft und holen mit ihren Wurzeln Nährstoffe aus dem Boden, um aus ihnen Zucker zu machen, der sie nährt. Mittlerweile wissen wir, dass dieser Lehrsatz aus dem Biologieunterricht die biologischen Grundlagen der Pflanzenwelt nur unzureichend beschreibt. Die eigentliche Brücke zwischen den Pflanzen und dem Boden sind nämlich nicht die Wurzeln allein. Auch die Pilze im Boden und die Pflanzen haben eine Beziehung miteinander. Fast 90 Prozent aller Pflanzen praktiziert eine *Mykorrhiza* genannte Symbiose mit Pilzen. Das Wort »Mykorrhiza« setzt sich zusammen aus den griechischen Wörtern *mýkēs* (Pilz) und *rhiza* (Wurzel). Diese Partnerschaft, die wir noch genauer kennenlernen werden, kann eine eher äußerliche und eine ganz und gar intime, innerliche sein. Eine eher äußerliche nennt man *Ektomykorrhiza* (griech. »ekto« für »außen«), eine innerliche *Endomykorrhiza* (griech. »endo« für »innen«). Beide Formen unterscheiden sich in der strukturellen Nähe der Partner und im physiologischen Ablauf des Stoffaustausches. In Mitteleuropa kommt am häufigsten die *Ektomykorrhiza* vor: Die sich verzweigenden Pilzfäden bilden im Boden einen dichten Mantel um die jungen Pflanzenwurzeln. Zwar können die Pilzfäden in die Rinde der Wurzel, den Cortex, hineinwachsen, aber sie dringen nicht in die Wurzelzellen selbst ein. Das ist bei der *Endomykorrhiza* anders. Hier kommen die Fäden des Pilzes bis in die Zellen der Wurzelrinde des Pflanzenpartners, um unmittelbare und möglichst große Austauschflächen zu bilden. Enger kann ein Zusammenleben nicht sein! Die Pflanze muss ihrem Pilzpartner dabei eine Menge »Vertrauen« entgegenbringen. Zuzulassen, dass ein fremder Organismus bis in die einzelnen Zellen des eigenen Körpers vordringt, könnte ja auch tödlich enden. Und nicht wenige Pilze sind parasitär und bringen andere Pflanzen oder auch Tiere (und Menschen!) um. Doch in manchem Fall »weiß« die Pflanze offenbar, wer ihr guttut und wer nicht.

Das ist ziemlich erstaunlich, wenn man bedenkt, wie unübersichtlich vielfältig und zahlreich die Pilzarten sind – jedenfalls aus der Perspektive der Menschen betrachtet. So ist der einigermaßen bekannte Fliegenpilz nur einer von vielleicht 10.000 Großpilzen (*Makromyzeten*) in unseren Breiten, von solchen Pilzen also, die mit bloßem Auge gut erkennbare Fruchtkörper bilden. Bei den Wulstlingen, den *Amanita*, zu denen unser Fliegenpilz (*Amanita muscaria*), aber auch so gefährliche Gesellen wie die Knollenblätterpilze gehören, kennt man inzwischen an die 500 Arten. Experten schätzen, dass es mindestens noch einmal so viele geben könnte.

Pilze sind kein Gemüse
Auf der Landkarte des Planeten der Pilze gibt es also immer noch viele weiße Flecken wenig erforschter Territorien. Und das ist auch kein Wunder, denn bis vor wenigen Jahrzehnten haben wir Pilze nicht als eigenes Reich von Lebewesen aufgefasst, als eine ganz eigene Lebensform. Unsere Vorfahren konnten nicht verstehen, was Pilze tatsächlich sind. Über Jahrhunderte hat es in unserem Weltbild zunächst drei Kategorien von Kreaturen gegeben: Pflanzen, Tiere und Menschen. Seit Darwin sind die Menschen dann biologisch gesehen zu den Tieren abgewandert – da waren's nur noch zwei ...
Was aber die Pilze genau waren, das war unklar und umstritten. Und sogar in namhaften Internetlexika der Biologie findet man bis heute Definitionen wie: *Thallo-*

phyten *(Lagerpflanzen) sind vielzellige Organismen, deren Vegetationskörper nicht die für Sprosspflanzen typische Gliederung in Wurzel, Spross und Blatt aufweist. Hierzu gehören die mehrzelligen Algen, Flechten (Lichenes) und Moose (Bryophyta) sowie die Pilze.* Nein! Pilze sind keine Thallo*phyten* noch sonst irgendeine Art von *-phyten*. Denn sie betreiben keine Photosynthese, was eben mit dem Appendix »-phyten« zum Ausdruck gebracht wird. Pilze müssen fressen. Sie stehen Tieren aus diesem Grund viel näher als Pflanzen. Darum sind Pilze auch kein »Gemüse, das an feuchten Plätzen wächst und deshalb wie ein Regenschirm geformt ist«, wie ich es einmal aus Kindermund hörte. Das ist hinreißend, aber eben unzutreffend. Keine Pflanze – also auch kein Gemüse.

Welche Art von Lebewesen sind Pilze?

Robert Whittakers *Fünf-Reiche-Vorstellung* vom Lebendigen, die den Pilzen in der Welt des Lebendigen erstmals den eigenständigen Rang einräumte, den sie verdienen, wurde erst 1969 veröffentlicht. Doch hat es noch einmal zwei Jahrzehnte gedauert, bis eine breitere Öffentlichkeit den Sonderstatus der Pilze und die Tatsache, dass sie keine Pflanzen sind, allmählich verinnerlicht hat. Vielen Menschen ist bis heute nicht klar, dass unsere Welt mit mehr als nur zwei Grundtypen von Lebewesen bevölkert ist. Sie meinen, dass Pilze so etwas wie die urtümlichen Vorfahren der Pflanzen sind. Und so stand es ja lange Zeit auch in den Lehrbüchern der Botanik. Denn über einige Jahrzehnte hinweg tobte ein wahrer Kampf in der Wissenschaft um die Frage, wo die Pilze denn nun hingehören.

Die Erkenntnis, dass sie eine eigene Lebensform sind, kam einem Paradigmenwechsel, einer kopernikanischen Wende in der Wahrnehmung der Welt gleich. Denn mit der Erkenntnis, dass Pilze eine eigene Lebensform sind, wurde auch klar, dass es sie bereits vor den Pflanzen gab. Pilze haben die Entwicklung von pflanzlichem Leben und seinen Landgang erst möglich gemacht. Und sie erhalten – wir haben es gerade gehört – noch heute das Leben von 90 Prozent all dessen, was grünt und blüht.

Unheimliche Fadenwesen im Boden

Es dürfte bereits klar geworden sein, dass ich, wenn ich von Pilzen spreche, nicht nur die gezüchteten oder gesammelten Fruchtkörper meine, die wir als Champignon oder Steinpilz verzehren. Pilze, das sind die versteckt lebenden Fadenwesen im Boden oder Holz. Diese *wahren Pilze* sind manchmal unheimlich anmutende, fremde, alienartige Kreaturen ohne Augen und Fell. Menschen fällt es nicht leicht, diesen unbekannten Geschöpfen gegenüber Empathie zu entwickeln – erst recht nicht, wenn sie schleimig oder gar mit tödlichen Giften ausgestattet sind. Oder sich gruselig zeigen: Manche der endlosen weißlichen Pilzgeflechte im Boden können nachts sogar leuchten.

Können wir Pilze »an sich« also überhaupt ins Herz schließen? Nun, mit etwas mehr Wissen ausgestattet können wir es – vor allem, wenn wir bedenken, dass es die Natur und insbesondere den Wald mit seiner Ruhe und Heilkraft nur im Doppelpack mit den Pilzen gibt. Pflanzen verwerten Kohlenstoffdioxid. Pilze, Tiere und wir selbst atmen es aus. Beim lichtabhängigen Schritt der Photosynthese wird Sauerstoff frei, den Pilze genauso benötigen wie wir. Pilze und Bäume – bzw. Pflanzen allgemein – sind so auf einzigartige Weise miteinander verbunden.

Setzen wir unseren Streifzug durch *die geheimnisvolle Welt der Pilze* fort. Lassen Sie uns die Pilze *zu einer Quelle der Lust* machen. Apropos Lust – unsere pilzkundliche Wanderung gestaltet sich im nächsten Kapitel durchaus etwas persönlich. Sie werden zustimmen, dass mykologische Grundkenntnisse im Leben auch praktische Bedeutung haben können …

WIE ICH DIE PILZE UND MEINE FRAU FAND
Unsere Wurzeln sind in der Erde, nicht im Beton

....

Alle Dinge werden zu einer Quelle der Lust,
wenn man sie liebt.

Thomas von Aquin

Die hier erzählte Geschichte nahm an einem schönen Spätsommertag des Jahres 1980 ihren Lauf, als ich mit einer hübschen jungen Frau in den Wald ging. Ich gebe zu: mit eindeutigen Absichten. Ich war verliebt und wollte um ihre Hand anhalten. Außerdem stand nach reichlichem Regen gerade die Pilzsaison auf dem Höhepunkt, was mich seit meiner frühen Kindheit nie kalt gelassen hat. Ich wusste, dass meine Begleiterin gutes Essen schätzt. Für einen 23-Jährigen in der Werbephase war es naheliegend, entsprechend vorzusorgen und alles Menschenmögliche für einen guten Eindruck zu tun. Das Ergebnis meiner Vorbereitungen für die Waldwanderung sah wie folgt aus: Ich hatte zwei Scheiben knuspriges Holzofenbrot reichlich mit *Grammelschmalz* (wie man *Griebenschmalz* in Österreich nennt) bestrichen, mit etwas Salz, Pfeffer und gemahlenem roten Paprika gewürzt und mit einigen Zwiebelringen garniert. Dazu packte ich, sorgfältig in Zeitungspapier eingewickelt, zwei gekühlte Flaschen Bier in den Rucksack.

Ein ungewöhnlicher Verlobungsring

Die *Schwammerlsaison* war in jenem Jahr überwältigend und der Waldboden mit Pilzen übersät. Als der Augenblick der großen Worte nahte, pflückte ich einen überdimensionalen Parasolpilz, einen Riesen unter seinen

Artgenossen. Ich zog seinen locker sitzenden Ring vom Stiel ab und steckte ihn meiner – von nun an – Braut auf den Finger. Mykologische Grundkenntnisse können im Leben durchaus praktische Bedeutung haben: Nicht alle Arten von Riesenschirmlingen besitzen nämlich einen verschiebbaren Ring, *Macrolepiota procera* aber, der da bei uns stand, der hat einen.

Obwohl der Verlobungsring recht unkonventionell ausfiel und seine materiellen Qualitäten im Blick auf die Haltbarkeit nicht mit Gold zu vergleichen waren, wurde er aufgrund seiner symbolischen Bedeutung freudig akzeptiert – ebenso wie das Schmalzbrot mit Bier. So ist dann alles gut gelaufen, und 36 Jahre später streifen wir immer noch gemeinsam durch die Wälder und suchen und fotografieren Pilze.

Pilzschnitzel – köstlich, aber leider schwer verdaulich

Die Grundlagen für meine Pilzbegeisterung wurden früh gelegt: Bereits im zarten Alter von etwa vier Jahren ging ich mit meinen Eltern *in die Schwammerl*. Und sofort bin ich den Pilzen auch kulinarisch verfallen. Das Allerhöchste der Gefühle waren und sind für mich bis heute gebackene Parasolpilze. Panierte Riesenschirmlinge sehen wie Wienerschnitzel aus, schmecken meiner Meinung nach aber viel besser. Von dieser außen knusprigen und innen saftigen aromatischen Köstlichkeit konnte ich schon als Kind nie genug kriegen, doch bremste mich meine Mutter: Pilze seien für Kinder schwer verdaulich. Heute weiß ich, dass da etwas Wahres dran ist, denn die Zellwände der Pilze bestehen aus Chitin, und dieses Polysaccharid ist für Menschen an und für sich unverdaulich, stellt aber wertvolle Ballaststoffe zur Verfügung. Mir persönlich hat eine Pilzmahlzeit jedoch zum Glück nie besonders schwer im Magen gelegen.

Bald begann ich erste wissenschaftliche Namen meiner Lieblinge zu lernen, um mit diesem Wissen mein familiäres Umfeld zu beeindrucken. Schon damals wurden also die Wurzeln dafür gelegt, dass ich Biologe und nichts anderes werden wollte.

Die Schirmlinge sind nicht unter einen Hut zu kriegen
Und so stieß ich schnell auf den wissenschaftlichen Namen *Macrolepiota* für den Riesenschirmling, und ich lernte auch, dass es sich bei dieser Gattung um bodenbewohnende *Saprobionten,* also Moderpilze handelt, dass sie nährstoffreiche Wälder und Wiesen bevorzugen und dass es auch kleinere Schirmlinge gibt, denen das *Macro* im Namen fehlt und die darum nur *Lepiota* genannt werden. Unter diesen kleineren Schirmlingen finden sich mehrere tödlich giftige, amatoxinhaltige Arten, was den kulinarischen Wert der ganzen Gattung in Frage stellt. Schirmlinge zu bestimmen sollte darum Spezialisten vorbehalten bleiben.

Sorgsam prüfte ich fortan meine mykologischen Funde: Waren sie wirklich groß genug, um *Macrolepiota* zu sein? Saß der Ring auf dem Stiel locker und war auf und ab verschiebbar? Wenn das zutraf, stand einer herrlichen gebackenen Pilzschnitzelmahlzeit nichts mehr im Wege. Später erkannte ich, dass der Ring des – ebenfalls essbaren – Spitzbuckligen Riesenschirmlings kaum verschiebbar ist. Mir ist also manche leckere Mahlzeit entgangen und überhaupt wurde mir immer klarer, dass es so etwas wie ein *naives mykologisches Weltbild* gibt. Da und dort lernt man ein bisschen über Pilze und bildet sich bald ein, viel oder gar alles zu wissen. Nichts wäre der Wahrheit ferner als so eine Vorstellung! Pilzfreunde lernen nie aus und sollten den aktuellen Entwicklungen der Wissenschaft folgen. Nehmen wir nur die Parasole:

Mit meinen beiden Prüfkriterien, Größe und verschiebbarer Ring, wähnte ich mich fälschlicherweise in Sicherheit. Mittlerweile haben Mykologen die Gift-Safran- oder Gift-Grünsporschirmlinge, deren Fleisch sich an der Luft orangerötlich verfärbt, von den Riesenschirmlingen abgetrennt und in eine eigene Gattung namens *Chlorophyllum* gestellt. Die Safranschirmlinge unterscheiden sich von den Riesenschirmlingen nicht nur durch die glatten, nicht genatterten Stiele: 1979 wurde auch ein giftiger Safranschirmling beschrieben. Bis heute ist es allerdings umstritten, ob er tatsächlich eine eigenständige Art ist. Bekannt wurde er in klimatisch begünstigten Regionen Südeuropas, doch tauchen seine Fruchtkörper immer häufiger auf stark gedüngten Böden und auf Komposthaufen auf. Heute würde ich wahrscheinlich aus Gründen der Vorsicht einen Schirmling, der auf einem Komposthaufen oder im Garten erscheint und rötendes Fleisch hat, nicht essen, zumal auch Geruch und Geschmack des Safranschirmlings unangenehm sind.

So einfach war die Sache mit den Pilzen also nicht. Das *naive mykologische Weltbild* hat sich immer weiter differenziert und wird jeden Tag komplexer. Das ist eine der wichtigsten Lektionen für alle, die mit der Schwammerlsuche neu beginnen, und auch für jene, die ihr »Wissen« immer noch auf alte Überlieferungen aus Großmutters Zeiten stützen.

Pilze – Quellen der Leidenschaft

Die Interessen meiner Jugend machte ich zum Beruf.

Die wunderschönen, skurrilen und geheimnisvollen Pilze wurden im Laufe der Jahre immer mehr zu Objekten meiner Jagdleidenschaft. Ich suchte sie auf, um sie in Ruhe zu bestaunen, um darüber nachzusinnen, welche undurchsichtigen Prozesse sich einige Zentimeter unter mir im Boden abspielen, um bisher unbekannte Spezies bestimmen zu lernen, um sie zu fotografieren und um ausgewählte Exemplare in die Pfanne zu hauen. Pilze strahlen etwas aus, das man jemandem, der die Leidenschaft für sie nicht teilt, nur schwerlich verständlich machen kann. Manche haben eine unheimliche Aura: In ihrer Nähe lauert der Tod. Andere haben einen eigenwilligen Charakter. Sie verhalten sich ganz und gar unberechenbar: Manchmal verstecken sie sich für Jahre, um dann ihre Fruchtkörper unerwartet in Massen hervorzubringen – manchmal dort, wo man mit ihnen gerechnet hat, oft aber auch an völlig unerwarteten Plätzen.

Pilze – Netzwerker im Untergrund

1998 brachte die renommierte Zeitschrift *Nature* einen Artikel, in dem die enorme ökologische Rolle der Mykorrhiza-Pilze für die Vernetzung der Bäume hervorgehoben wurde. Pflanzen und Pilze kommunizieren miteinander. Dafür nutzen sie chemische Botenstoffe wie beispielsweise die Terpene der Waldluft[1] oder aber das mykologische Internet[2], das man als *Wood-Wide-Web*, als das Internet der Bäume bezeichnen könnte.

Wofür ist dieses Netzwerk der Bäume und Pilze gut und wie funktioniert es? Da Pflanzen verwurzelt sind und ihren Standort nicht einfach wechseln können, wenn er sich als ungünstig erweist, nutzen sie die Pilzfäden als Leitungssystem, um sich gegenseitig Lieferungen nützlicher Stoffe zu schicken. Dabei von einem »weltweiten« Netzwerk zu sprechen, ist zwar etwas übertrieben, dennoch sollten wir uns die Mykorrhiza bei älteren, ausgereiften Lebensräumen in aller Regel nicht als schlichte, kleinräumige Vernetzung zweier Individuen vorstellen, sondern vielmehr als ein komplexes, zum Teil riesiges Netzwerk unzähliger Pilz- und Pflanzenindividuen, das sich über Generationen erhält und dabei ständig optimiert und umgebaut wird.

Im Dunkeln ist gut munkeln

Wie kann man sich diese Kontaktbörse des Waldes vorstellen? Pflanzen verwenden sogenannte Strigolactone, Pflanzenhormone, um die Pilze zur Wurzel zu locken. Unter Milliarden von Bodenorganismen findet so der »verliebte Pilz« in völliger Dunkelheit und einem sehr dichten Medium den Weg zu »seiner Wurzel«. Der Pilz hingegen teilt mit Hilfe den sogenannten Myc-Faktoren (chemisch handelt es sich um Chitin-Oligomere) der Pflanze mit: *Ich bin schon nahe, gleich kommt es zum Kontakt, löse deine Abwehrmechanismen nicht aus, bilde stattdessen feine Seitenwurzeln aus, die ich in aller Ruhe umschlingen kann.* Diese präsymbiotische Phase könnten wir aus menschlicher Perspektive als die Zeit der zärtlichen Anbahnung bezeichnen. In dieser Phase geht es darum, Vertrauen zueinander aufzubauen. Immerhin lauern auch Parasiten, »Heiratsschwindler« sozusagen, auf ihre Chance. In den Zellen der künftigen Partner laufen während des Kennenlernens dramatische Umbauten ab: Während der Pilz ein sogenanntes *Hyphopodium* ausbildet, mit dem er an die Pflanzenwurzel andockt, durchlaufen die unter dem *Hyphopodium* liegenden epidermalen Zellen der Wurzelrinde einen umfassenden zellulären Umbau. Das Cytoskelett und das Endoplasmatische Reticulum formen einen sogenannten *pre-penetration apparatus* (PPA), der den Weg der Pilzhyphe, also des Zellfadens des Pilzes, durch die epidermale Zelle festlegt. Der Pilz wächst also nicht »mit Gewalt« durch die Pflanzenzellen hindurch, vielmehr macht ihm der Wirt den Weg aktiv frei. Auch zwischen den Zellschichten der Rinde (Cortex) können sich Pilzhyphen der Länge nach ausbreiten, bis es schließlich in den Zellen der inneren Rinde zur Ausbildung der »ersehnten« *Arbuskeln, das sind verzweigte Hyphen in Bäumchenform, kommt.*

Vom Nutzen des Networkings

Die bereits erwähnten *Strigolactone* haben als primärer Auslösefaktor viel für ihre Pflanze erreicht: Sie erhalten ein verbessertes Wurzelsystem und eine erhöhte Mykorrhizierung, die wiederum zu einer besseren Versorgung mit Phosphaten, weiteren Nährstoffen und Wasser aus dem Boden führen. Aber auch der Pilz gewinnt in dieser Partnerschaft: Er bekommt seinen Anteil am Zucker, den die Pflanze durch Photosynthese erzeugt.

So erzählt das hormongetriebene Geflüster im Waldboden von Kommunikation und Kooperation zu wechselseitigem Nutzen auf höchster Stufe. Der Wald ist ein großes Ganzes, ein Kollektiv unzähliger Geschöpfe, die hunderte Millionen Jahre koexistiert haben und im Sinn des Wohlergehens aller Informationen austauschen können. Und auch mit uns, den Menschen als Besuchern des Waldes, kommunizieren sie.

Denn im Wald finden wir die Quelle für eine Spiritualität, die unser Leben positiv verändern kann. Wenn wir uns öffnen, wachsen wir mit dem Wald, mit den Bäumen, mit all den unsichtbaren Pilzen zu einem großen *Myzelium des Lebens* zusammen. Eine tiefe Empathie zu allem Lebendigen aber macht uns zu Menschen. *Wir haben Wurzeln, und die sind definitiv nicht in Beton gewachsen,* betont Andreas Danzer, der Sohn des verstorbenen österreichischen Musikers Georg Danzer. *Jeder Mensch verspürt tief in seinem Inneren den Drang nach der Nähe zur Natur.* Und mit Worten von Piero Calamandrei formuliert: *... alle strömen sie in den Wald: In jenen wenigen*

Tagen finden sie ihre Lebensfreude wieder, das Glück, frei arbeiten zu können, versöhnt mit der Welt …

Bambi, lila Kuh, gelbe Enten und das Natur-Defizit-Syndrom

Eine intensive Nähe zur Natur ist heute allerdings alles andere als selbstverständlich. Es wachsen Generationen heran, die eher (oder nur noch) mit der digitalen Welt und nicht mit dem Netzwerk der Natur verwachsen sind. Psychologen und Psychiater sprechen in diesem Zusammenhang vom *nature deficit disorder*, dem Natur-Defizit-Syndrom. Die zunehmende Entfremdung von der Natur treibt seltsame Blüten. Bereits Mitte der 1990er-Jahre zeigte ein inzwischen berühmtes und vielzitiertes Experiment in Bayern, dass 30 Prozent von 40.000 teilnehmenden Kindern eine Kuh in Anlehnung an die Werbung eines Schokoladenherstellers in der Farbe Lila malten. 1997 glaubten sieben Prozent der befragten Kinder, dass Enten gelb seien, 2003 waren es bereits elf Prozent.

Das sind bloß einige winzige und lächerlich anmutende Symptome einer in Wahrheit galoppierend voranschreitenden Entfremdung von der Natur. Unkenntnis über Formen, Vorgänge und Phänomene der natürlichen Umwelt, das Nicht-mehr-Erleben von Rhythmen, Zyklen und Erscheinungen unserer Welt – all das hat schwerwiegende Folgen für Individuen und Gesellschaften. Nicht nur, dass eine Natur, die einem fremd und unbekannt ist, auch nicht als Wert wahrgenommen wird und darum zerstört werden darf. Die Entfremdung von der Natur entfremdet uns vom Menschsein. Denn als Menschen sind wir selbst Natur! Wir haben uns nicht auf Beton und Asphalt entwickelt.

Pilze können in dieser verzwickten Situation zu wunderbaren, erdverbundenen Pädagogen werden, die uns den Weg zurück zur Wahrnehmung des natürlichen Seins zeigen. Und dies in einer Weise, die nicht verklärt, sondern realistisch ist.

Ein bekanntes Phänomen fast schon pseudoreligiöser Naturverklärung ist das sogenannte Bambi-Syndrom. Statt die Natur so *brutal* zu verstehen, wie sie auch ist, hängen Menschen einem unwirklichen Bild der Natur an, wie es allenfalls in Comic-Heften, Disney-Filmen und Kinderbüchern vorkommt: Eine harmonische, idealisierte Scheinwelt mit pinkfarbenen, glücklichen Kreaturen und manchmal auch netten Fliegenpilzfiguren. Sich mit den Realitäten in der Natur abzufinden und einen angemessenen Umgang mit ihr zu entwickeln, fällt dann schwer: *Bäume zu pflanzen ist gut, Bäume zu fällen ist böse, und der Jäger ist sowieso ein Mörder.* Von Naturverbundenheit und *wahrer Biophilia* finden wir hier keine Spur. Natur hat nämlich viele Gesichter. Diese so, wie sie sind, zu akzeptieren, ist ein Teil der *Liebe zum Leben.* Raubtiere und Parasiten gehören eben auch dazu. Auch wenn es uns schwer fällt, sie zu lieben, bleibt uns nichts anderes übrig, als sie als Teil der Realität zu akzeptieren und die grenzenlose Erfindungsgabe des Lebens zu bewundern.

Wenn Sie nur einen winzigen Bruchteil all der Wunder im Boden erahnen möchten, machen Sie es dem amerikanischen Ökologieprofessor David G. Haskell nach, der, mit einer Lupe ausgestattet, ein ganzes Jahr lang einen Quadratmeter Waldboden beobachtete und dabei das Zusammenspiel kleiner Lebewesen dokumentierte. Auf die Frage, ob das nicht furchtbar öde gewesen sei, antwortete er: *In keinem Moment. Ich war jeden Tag neu verblüfft über die vielen Kreaturen auf diesem einen Quadratmeter – und über die vielen Geschichten, die sie erzählen. Je länger ich hinschaute, hinhörte und hin roch, umso interessanter wurde es.*

Der Fichtenspargel – ein finstrer Geselle, der weiß ist
Dass die Bewunderung für die Erfindungsgabe der Natur sich auch auf Dinge richten kann, die – in menschlich-moralischen Kategorien gesehen – »böse« sind, soll uns abschließend das Beispiel der überall auf der Nordhalbkugel verbreiteten Fichtenspargel (*Monotropa hypopitys*) verdeutlichen. Über die Wunder der Mykorrhiza haben wir bereits gelesen. Es wäre angesichts der Kreativität der Evolution erstaunlich, wenn kein anderes Lebewesen auf die Idee gekommen wäre, dieses perfekte System zu missbrauchen. Und hier kommt der Fichtenspargel ins Spiel, eine chlorophyllfreie, durch ihre blassgelblich-weißliche Färbung tatsächlich an Spargel erinnernde parasitische Pflanze, die keine Photosynthese mehr betreiben kann. Sie zapft stattdessen an einer passenden Stelle des Pilzfadens die Mykorrhiza-Verbindung zwischen Baum und Pilz an. Indem er so in den Kommunikationskanal der beiden Partner Baum und Pilz eindringt, wird der Fichtenspargel, um im WWW-Bild zu bleiben, so etwas wie ein Hacker.

Den Mykorrhizaforschern ist die seltsame Pflanze schon früh aufgefallen, doch hielt man sie lange Zeit für einen *Saprophyten*, der von abgestorbener organischer Biomasse zehrt, wie es viele Pilze tatsächlich tun. Das hat sich als unhaltbar erwiesen, als man die Mykorrhiza von Ritterlingen (*Tricholoma*) genauer unter die Lupe nahm. Der Fichtenspargel parasitiert an den Symbiosesträngen dieser Pilze zu Bäumen. Als das klar war, musste ein eigener Terminus für diese besondere Lebensweise her: die *Myko-Heterotrophie*. Bereits 1960 konnte Erik Björkmann das Phänomen mit Hilfe radioaktiv markierter Tracer nachweisen, und er war es auch, der den Begriff *Epiparasitismus* für diese Form des Nahrungsdiebstahls prägte.

Ohne Pilze keine Orchideen

Und in diesem Zusammenhang können wir dann die Orchideen nicht unerwähnt lassen. Diese weltweit verbreitete Pflanzengruppe von bis zu 30.000 Arten, die zweitgrößte Familie der Bedecktsamer überhaupt und für viele Menschen die *Königin der Blumen,* ist obligat mykotroph. Keine Orchidee könnte ohne die Hilfe eines Pilzes das Licht der Welt erblicken. Da Orchideensamen extrem klein sind, können sie sich über ein Wenigzellstadium hinaus nicht allein entwickeln – sie benötigen dafür einen Helfer in Form eines Pilzes, der die benötigten Nährstoffe liefert. Der Mykorrhiza-Pilz dringt in die jungen Keime ein und breitet sich von dort in die entstehenden Wurzeln aus, während Spross und Wurzelknollen in der Regel pilzfrei bleiben. Orchideen sind daher in der ersten Lebensphase existenziell von Pilzen abhängig. Und manche bleiben es auch länger. Doch entwickeln viele Arten später grüne Blätter und gehen zu autotropher Ernährung über, wodurch der angezapfte Pilzfaden für sie überflüssig wird.

Doch können wir nicht länger bei den wunderschönen Orchideen verweilen. Auf der nächsten Etappe unserer Wanderung betreten wir den Wunderwald der Pilze. Hier entdecken wir unglaubliche Talente, verblüffende Fähigkeiten und unbegrenzte Möglichkeiten. Wir werden erfahren, dass die geheimnisvollen Fadenwesen nahezu alles können ...

Pilze als Verkehrsplaner, Atomtechniker und Mediziner

··

*Radioaktiver Kohlenstoff, mit dem Wissenschaftler
eine Birke impften,
wanderte über den Boden und die Pilzverbindungen
in eine benachbarte Douglasie ...*

Peter Wohlleben

Die meisten Menschen wissen sehr wenig über Pilze. Gleichzeitig scheinen sich viele Nichtbiologen aber mehr für die Fungi als für Pflanzen zu interessieren. Vielleicht, weil man viele Pilzfruchtkörper nicht nur essen kann, sondern weil sie z.T. begehrte Delikatessen von außerordentlichem Wohlgeschmack sind? Vielleicht ist der Grund für das *Faszinosum Pilz* aber auch tiefgründiger und vielschichtiger. In diesem Kapitel werden wir in die Wunderwelt der Pilze eintauchen und sie als bestens vernetzte Überlebenskünstler, heimtückische Räuber, geniale Verkehrsplaner und hocheffektive Recycling-Spezialisten kennenlernen.

Baum und Pilz: ein unzertrennliches Paar

Das Zusammenleben von Bäumen und Pilzen zählt zu den größten Wundern unserer Welt. Und auch unsere bekanntesten Speisepilze sind Teil dieses Wunders: Die meisten sind obligat symbiotisch, das heißt, sie können ihre leckeren Fruchtkörper nur in Assoziation mit Wurzeln bilden. Steinpilze, Pfifferlinge und die meisten anderen Köstlichkeiten müssten wir also ohne das enge

31

Zusammenleben von Bäumen und Pilzen von unserer Genusskarte streichen.

Ein einziger Baum kann mit bis zu hundert verschiedenen Pilzarten vergesellschaftet sein und innerhalb derselben Spezies mit vielen verschiedenen Individuen. Ein Kubikzentimeter Erdboden kann bis zu zwanzig Kilometer (!) hauchdünner Pilzfäden enthalten. Den Neuronen des menschlichen Gehirns nicht unähnlich durchwächst der Pilz alles und baut dabei ein unvorstellbar komplexes Geflecht auf. Pilze bilden so etwas wie das Hirn der Vegetation, wie der Ethnobotaniker Wolf-Dieter Storl es formuliert. Sie regeln den Informationsfluss zwischen den Pflanzen und dem umgebenden Ökosystem. Aber auch Wurzeln sind Ausdruck einer vegetativen Intelligenz. Mittels unzählbarer, sich ständig neu bildender Haarwurzeln durchtasten Pflanzen, das Umfeld wahrnehmend, den Erdboden. Sie spüren Wassermoleküle, Spurenelemente und andere physio-chemische Informationen auf.

Tauschhandel im Untergrund

Die fädigen Unterweltbewohner, die ein viel größeres Bodenvolumen durchwachsen als ein Baum es jemals könnte, teilen gern: Sie geben fast alle Mineralien, die sie im Boden einsammeln, an die Pflanzen ab, die als photosynthetisch aktive Lebewesen auf Nährstoffe angewiesen sind. Die Beschenkten nehmen die Gabe begierig entgegen. Ihre Wurzeln würden nie so effektiv an die Mineralien herankommen wie die extrem dünnen Pilzfäden mit ihren nahezu allmächtigen Enzymen. Doch bedeutet Symbiose nicht nur Nehmen, sondern auch Geben. Also vergelten die Pflanzen den Pilzen ihre Leistung mit Zucker (meist Glukose), den sie über die Photosynthese in großen Mengen produzieren. Bis zu

20 Prozent dessen, was die Pflanze herstellt, kann an den Pilz weitergegeben werden. Und neben den Kohlenhydraten bekommen die Helfer im Untergrund von den Pflanzen auch Vitamine bzw. ihre Vorstufen. Denn viele Pilze sind, wie wir Menschen, nicht in der Lage, selbst Vitamine zu erzeugen. Heute glaubt man, dass die Landbesiedelung durch die ersten terrestrischen Pflanzen überhaupt erst durch die Symbiose zwischen Pflanzen und Pilzen ermöglicht wurde, und man bezweifelt, dass sich eine solche unspezifische Symbiose überhaupt nachträglich hätte entwickeln können. Seit hunderten Millionen Jahren profitieren beide davon – und mit ihnen auch alle anderen Lebewesen. So scheint ein wesentliches Grundmoment der Evolution nicht die Konkurrenz, sondern die Kooperation zu sein, das Wissen darum, dass man gemeinsam stärker ist. Und diese Kooperation kann enorme Ergebnisse hervorbringen!

Verblüffender Größenrekord aus der Welt der Pilze

Auf die Frage nach dem größten Lebewesen der Erde findet man verschiedene Antworten. Das schwerste bekannte Tier, das jemals auf der Erde gelebt hat, ist der Blauwal (*Balaenoptera musculus*), ein Bartenwal und damit ein Säugetier. Die größten Individuen erreichen beeindruckende 33 Meter Länge (hier kamen nur manche Saurier in seine Nähe) und eine Körpermasse von bis zu 200 Tonnen. Ein so schweres Tier kann nur im Wasser leben.

Wenn wir unsere Suche auf Pflanzen ausdehnen, ist der *General Sherman Tree*, ein Riesenmammutbaum (*Sequoiadendron giganteum*) im Giant Forest of Sequoia National Park in Kalifornien, noch viel größer – vor allem, wenn wir neben seiner »Länge« auch sein Volumen berücksichtigen: 83,8 Meter hoch, ein Volumen von 1.487 Kubikmeter und eine Masse von mehr als 2.100 Tonnen. Selbstverständlich können diese Giganten mit mehr als 3.000 Jahren auch viel älter als jedes Tier werden.

Wenn wir nun aber noch die Pilze ins Spiel bringen, dann wird es richtig spannend: Genauso viel wie vier (!) ausgewachsene Blauwalweibchen von je 150 Tonnen wiegt ein im Jahr 2000 entdeckter Hallimasch im US-Bundesstaat Oregon. Der Riesenmammutbaum ist zwar noch einmal doppelt so schwer. Doch die räumlichen Dimensionen des Pilzes sind wesentlich größer als die aller anderen Lebewesen auf der Erde: Er nimmt geschätzte 880 Hektar Fläche ein, was mehr als 1.200 Fußballfeldern entspricht!

Der vermutlich größte Pilz Europas bedeckt im Schweizer Nationalpark in der Nähe des Ofenpasses eine Fläche von 500 x 800 Metern. Dieser etwa 1.000 Jahre alte Dunkle Hallimasch ist ein Vertreter derselben Gattung wie der amerikanische Größen-Rekordhalter.

Wenn es um die Größe geht, liegen die Pilze also auf Platz eins. Aber nur an Baumstümpfen und geschwächten Stämmen zeigt die größte Kreatur der Welt gelegentlich ihre gelblichen Hüte – seine im besten Fall etwa zwölf Zentimeter hohen Fruchtkörper. Wenn er das aber tut, dann ist das für Waldeigentümer ein Malheur und Malheur National Forest heißt auch der Wald, in dem der Riesenhallimasch aus Oregon wächst. *Armillaria*, wie die Gattung der Hallimasche wissenschaftlich lautet, befällt nämlich Bäume parasitär und kann sie zum Absterben bringen. Danach hat der Pilz noch einige Jahre die Möglichkeit, sich saprophytisch als Moderpilz, der abgestorbene organische Materie nutzt, vom toten Holz zu ernähren. Für die Förster und Waldeigentümer ist er ein Gegner, mit dem man es schwerlich aufnehmen kann:

Bis zu einem Meter tief treibt der gewaltige Körper aus Fäden sein Unwesen. Langsam frisst er sich von Baum zu Baum durch den Waldboden, bohrt sich durch das Erdreich und produziert immer weitere schwarzbraune, millimeterdicke Fäden, deren Gesamtlänge kaum geschätzt werden kann. Unser Riesenpilz aus Oregon dürfte 2.400 Jahre alt sein.

In unseren Breiten ist der Honiggelbe oder Gemeine Hallimasch einer der häufigsten Herbstpilze. In den slawisch sprechenden Ländern nennt man ihn oft »václavky«, doch auch in manchen deutschsprachigen Landstrichen kennt man ihn als Wenzelspilz: Seinen Namen verdankt er seinem jährlichen Erscheinen, das oft um den 28. September stattfindet, dem Namenstag des tschechischen (beziehungsweise böhmischen) Nationalheiligen Wenzel (Václav).

Prähistorische Episoden über die »Männlein im Walde«
Pilze spielten schon in den frühesten Phasen des Lebens auf unserer Erde eine entscheidende Rolle. Viele Wissenschaftler gehen sogar davon aus, dass es Zeiten gegeben hat, in denen sie unseren Planeten dominierten – etwa nach jener urzeitlichen Katastrophe am Ende der Kreidezeit vor 65 Millionen Jahren, als ein gewaltiger Meteoriteneinschlag die gesamte Erde für mehrere Monate in Dunkelheit hüllte, sodass ein großer Teil der Pflanzen- und Tierarten zu Grunde ging. Unter anderem starben damals bekanntlich die Dinosaurier aus. Für Pilze brachen nach dieser globalen Katastrophe paradiesische Zeiten an, so makaber sich das auch anhören mag. Denn es gab Berge von »Leichen«, und darüber freuten sich die Pilze als »Destruenten«, als Zersetzer organischer Materie. Holzreste abgestorbener Bäume, die Kadaver toter Tiere und die welken Relikte von Pflanzen füllten ihnen

die Speisekammer. Die sogenannte K/T-Aussterbewelle an der Grenze von der Kreidezeit zum Tertiär war für die Pilze vielleicht die fruchtbarste Zeit überhaupt. Ablagerungen in Neuseeland zeigen, was damals geschah: Die ansonsten massenhaft vorkommenden Pollen verschwanden für längere Zeit – dafür findet man heute eine vier Millimeter dicke Schicht, die fast nur aus Pilzsporen und Pilzfäden besteht. Erst nach und nach kehrten Sonnenlicht und damit auch Flora und Fauna zurück.

Ein Urzeit-Riese: Alge, Flechte, Pflanze oder Pilz?
Lange vor diesem dramatischen Ereignis aber lebten Kreaturen auf der Erde, die bis heute für Kopfzerbrechen unter den Paläontologen sorgen. Bei einer Zeitreise würden wir die Welt vor 420 bis 350 Millionen Jahren, im sogenannten Devon, kaum wiedererkennen. Tausendfüßler, flügellose Insekten und Würmer waren die ersten Tiere an Land, und die Wirbeltiere erlebten gerade Höhenflüge ihrer Entfaltung im Wasser, um bald die ersten Schritte an Land zu wagen. Im Devon begannen die ersten höheren Pflanzen das Land zu besiedeln – und die Pilze halfen ihnen dabei, denn sie waren schon da und sie hatten erstaunliche Größen.

Mit einer Höhe von zwei bis neun Metern und einem »Stammdurchmesser« von bis zu einem Meter ragte *Prototaxites* aus der damals noch niedrigen Vegetation gen Himmel. Es war unserem heutigen Wissen nach der höchste und größte landlebende Organismus der damaligen Zeit.

Das Fossil ist bisher nur bruchstückhaft bekannt, was die Arbeit der Wissenschaftler erschwert. Es ähnelt einem Baumstumpf – und sein wissenschaftlicher Name beruht tatsächlich auf der Ähnlichkeit mit der Eibe (*Taxus*). Die Forscher grübeln bis heute, wer die Verwandten dieses Giganten waren. Alles zwischen Braunalge, Flechte und Pflanze wurde bereits diskutiert. Die modernste Interpretation aus dem Jahr 2007 stuft *Prototaxites* jedoch als Pilz ein.

Der Riesenwuchs bei einem Pilz war damals wahrscheinlich mangels Fressfeinden möglich; der Geselle konnte über lange Zeiträume hinweg unbehelligt vor sich hinwachsen.

Strahlende Sieger

Aber auch Pilze, die es nicht so gemütlich haben, kommen oft erstaunlich gut zurecht. Eine bemerkenswerte Form der Überlebenskunst haben *Cryptococcus neoformans* und *Wangiella dermatitidis* entwickelt: Sie zählen zu den sogenannten »radiotrophen Pilzen«. Was andere Lebewesen umbringt, lässt sie erst so richtig gedeihen. Professor Arturo Casadevall vom Albert Einstein College of Medicine in New York City hat nach dem Reaktorunglück von Tschernobyl Materialproben ausgewertet. Es zeigte sich, dass in der hochgradig verstrahlten Ruine nicht alles tot war. Ein schwarzer Pilz gedieh dort bei Strahlendosen, die für beinahe jedes andere Lebewesen absolut tödlich waren, offensichtlich ganz prächtig. Ja, er zeigte unter Einwirkung von Radioaktivität sogar eine erhöhte Stoffwechseltätigkeit. Offenbar können Pilze, die Melanin als Pigment enthalten, tatsächlich Strahlung als Energiequelle nutzen. Melanin ist ein rötliches, braunes oder schwarzes Pigment, das für die Färbung der Haut, der Haare, der Federn und der Augen bei Mensch und Tier verantwortlich ist. Pilze nutzen Melanin zur Anpassung an extreme Umweltbedingungen – es absorbiert für sie die radioaktive Strahlung.

Für Bodenschichten mit erhöhter Radioaktivität – aber auch in den arktischen und antarktischen

Frostgebieten – sind melanisierte Pilzhyphen typisch. Die Strahlungsenergie wird auf geheimnisvollem Weg in chemische Energie umgewandelt und lässt so letztlich energiereiche Verbindungen entstehen. Ekaterina Dadachova, ebenfalls Forscherin am Einstein College in New York, vergleicht die Wirkung des Melanins mit der des Chlorophylls bei den Pflanzen. Melanin nutze einen anderen Ausschnitt des elektromagnetischen Spektrums, die ionisierende Strahlung, um das Pilzwachstum zu fördern. Doch stehen diese Forschungen erst am Anfang. Die Pilze und ihr Pigment Melanin bleiben vorerst eines der unzähligen mykologischen Rätsel. Und von denen gibt es wahrlich genug.

Wüstenpilze

Wir assoziieren das Wachstum von Pilzen mit dem Vorhandensein von ausreichend Feuchtigkeit. In Wüsten würden wir ihr Vorkommen darum nicht erwarten – und doch zeigen sie gerade in solchen Extremlebensräumen, welche Überlebenspotenziale in ihnen stecken. Sowohl in den heißen Trockenwüsten als auch in den Kältewüsten der Arktis und Antarktis trotzen Pilze den widrigsten Bedingungen. Und auch wenn Lebensräume salzhaltig, sauer, methanhaltig, hochtoxisch oder sonst irgendwie »unbewohnbar« sind: in praktisch allen sind *Extremophile* zu finden, also Lebewesen, die sich genau auf diese Nischen spezialisiert haben.

Das kann zu interessanten Phänomenen führen. In der Karakum, einer Wüste in Zentralasien, die fast die ganze Fläche Turkmenistans bedeckt und in der im Jahr selten mehr als 150 ml Niederschlag pro Quadratkilometer fallen, kam im Mai 1976 innerhalb kurzer Zeit fast der gesamte Jahresniederschlag herunter. Kurz darauf verbrachten viele Turkmenen ihre Zeit mit der Schwammerlsuche in der Wüste. Eine typische Art in diesem Lebensraum ist der Wüsten-Tintlingsstäubling (*Podaxis pistillaris*), ein Verwandter des Champignons, der Schopftintlingen ähnelt. Und auch Champignons selbst bedeckten damals in ungeahnten Größen – manche bis zu einem halben Kilo schwer – und Mengen die Wüste.

Ausgesprochen thermophile, also wärmeliebende Spezies, die sich erst zwischen mindestens 20 °C und bis über 50 °C wohlfühlen, sind nicht allzu zahlreich[3] unter den Pilzen. Doch es gibt sie, und oft verraten bereits ihre Namen ihre besondere Begabung: *Talaromyces thermophilus*, *Thermoascus auranticus* oder *Chaetomium thermophile*. Zu den Rekordhaltern zählt *Thermomyces lanuginosus*, der auch noch bei 62 °C gedeiht. Auch viele extremophile Wüstenpflanzen sind mit Pilzen vergesellschaftet. Mit ihren fungalen Partnern können sie die trockensten und heißesten Zeiten besser überstehen als ohne sie. Und in geothermalen Böden wie im Yellowstone-National-park leben Pilze und ermöglichen manchen Pflanzen das Überleben. Im Jahr 1999 isolierten Forscher aus 70 °C warmen Böden 16 Pilzarten, die anschließend bei Temperaturen um 55 °C prächtig zu wachsen begannen. Das Gras *Dicanthelium lanuginosum* gedeiht in dieser Umgebung bei konstanten Bodentemperaturen von 55 °C und mehr. In ihm lebt ein endosymbiontischer Pilz, der es zu dieser Leistung befähigt. Auch für extreme Lebensorte gilt eben: *Gemeinsam sind wir stärker*.

Jeder von uns ein Biotop?

Pilze sind allgegenwärtig, und das nicht nur in unserer Umwelt, sondern auch auf uns selbst. Das lässt sich kaum vermeiden, denn wir atmen sie laufend ein und nehmen sie mit der Nahrung auf. Pilze sind bis zu einem gewissen Grad ein Teil von uns – nur sollten sie nicht die Oberhand gewinnen. Nach derzeitigem Wissensstand kommt aber auf jede der durchschnittlich etwa 30 Billionen menschlichen Körperzellen immer ein »fremder« Organismus. Wir sind also – wie jedes höhere Lebewesen – eine Art zoologischer, botanischer und mykologischer Garten. *In der Mundhöhle schwimmt die friedfertige Amöbe Entamoeba gingivalis,* schrieb der SPIEGEL in einem Artikel, *in den Poren des Gesichts gedeiht das harmlose Spinnentierchen Demodex folliculorum. Und auch Egel und Fliegen, Läuse und Mücken, Pilze, Urtierchen, Viren, Wanzen, Würmer, Zecken fühlen sich wohl im Biotop auf zwei Beinen.*

Doch damit nicht genug: *Allein auf der etwa zwei Quadratmeter großen Haut leben so viele Mikroben wie Menschen auf der Erde. Mit bis zu 1.000.000.000.000 (in Worten: eine Billion) Lebewesen in einem Gramm Darminhalt zählt der menschliche Dickdarm zu den Orten mit der höchsten Einwohnerdichte des Planeten überhaupt.*

Jeder von uns ist ein Biotop für Billionen von Organismen, die im allerbesten Fall in Harmonie leben. Wir sind wie Superorganismen, die nur deshalb leben können, weil unzählige Kleine einem Großen helfen. Und in all dem Geschehen spielen Pilze eine entscheidende Rolle[4] – ohne sie würden andere ihren Platz einnehmen und uns krank machen. Die einzelnen Bereiche unseres Körpers gleichen Lebensräumen mit unterschiedlichen Biodiversitäten und Mykozönosen (fungalen Lebensgemeinschaften). Die bei weitem allermeisten Pilzarten finden sich – vielleicht nicht so überraschend – auf unseren Füßen!

Natürlich sind Pilze – gerade auch da – nicht immer nette Helfer. Manchmal geraten die Dinge im Biotop unseres Körpers aus dem Gleichgewicht. Und über all die Darmmykosen, Vaginalmykosen, Systemmykosen oder Mykotoxikosen wollen wir in der Regel gar nicht alles wissen. Bis zu 1,5 Millionen Menschen pro Jahr sterben weltweit an Pilzinfektionen. Fast 200 verschiedene Mykosen bzw. Pilzerkrankungen sind bekannt[5], und nur wenige Ärzte kennen sich mit ihnen wirklich gut aus, was für Patienten kaum beruhigend sein kann. Doch: *Erkrankungen durch Pilze, deren Stoffwechselprodukte oder deren Giftstoffe entstehen nur dann, wenn das Gleichgewicht der Natur gestört wird. Dies betrifft nicht nur den Menschen, sondern auch die Natur selbst,* stellt die Selbsthilfegruppe für Pilzerkrankungen und chronische Müdigkeit fest.

Wenn Stoffwechselprodukte zum Segen werden
Pilze sind allgegenwärtig und richtig eingesetzt können sie uns in Bereichen hilfreich sein, in denen wir es nicht vermuten würden. So stehen Pilzenzyme heute im Mittelpunkt zahlreicher industrieller Anwendungen. Bei der Herstellung von Sonnenbrillen, Textilien, Kosmetika und Waschmitteln finden Pilzenzymcocktails Anwendung. So geht es bei der Optimierung von Waschmitteln darum, gute Waschergebnisse bei niedrigeren Temperaturen zu erzielen. Um das zu erreichen, bedient man sich der Pilze und ihrer Enzyme, die als ideale Schmutzentferner funktionieren.

Ärgern Sie sich über Fettflecken? Dann brauchen Sie *Fusarium*, eine Gattung der Schlauchpilze. Ihre Vertreter wachsen meist in pflanzlichem Gewebe wie Getreide oder in Lebensmitteln, wobei sie ihren Wirt gern töten. In den Kesseln der Waschmittelproduzenten sind sie für die Herstellung von Lipasen, fettlösenden Enzymen, zuständig. Unterstützt werden sie dabei vom Gießkannenschimmel (*Aspergillus*), einer über 350 Arten umfassenden, weltweit verbreiteten Gattung von Schimmelpilzen, die überwiegend in toter, sich zersetzender organischer Substanz lebt und einen erheblichen Anteil am Stoffkreislauf im Ökosystem der Erde hat.

Trichoderma-Arten wiederum sind Pilze, die weltweit im Boden, in Pflanzen, in verfaulenden Pflanzenresten oder auch in Holz gedeihen. Sie erfüllen im Boden im Bereich des Wurzelhorizonts äußerst wichtige Aufgaben und interagieren zwischen Pflanzen, anderen Mikroorganismen und dem Boden. Aus ihnen gewinnt der Waschmittel-Braumeister Cellulasen: Enzyme, die in der Lage sind, Zellulose in ihre Grundbausteine aufzuspalten. Und so könnten wir fortfahren. Für jede Art Fleck ein eigenes Enzym – ohne Pilze gäbe es keine saubere Wäsche.

Schimmelpilze als Lebensretter

Aber nicht nur für optimale Waschergebnisse sind Pilze einsetzbar. Im Bereich der Medizin sind sie von lebensrettender Bedeutung: Man schrieb den 28. September 1928, als der schottische Bakteriologe Alexander Fleming feststellte, dass die Schimmelpilze der Gattung *Penicillium*, die versehentlich in seine Staphylokokken-Kulturen hineingeraten waren, eine keimtötende Wirkung entfalteten. Diese Entdeckung leitete die revolutionärste Entwicklung in der Geschichte der Medizin ein. Es dauerte nicht mehr lang bis zum ersten Antibiotikum *Penicillin*. Dieses und seine Nachfolger haben seitdem hunderten Millionen Menschen das Leben gerettet.

Doch nun droht uns Ungemach. Durch den übertriebenen, wiederholten und viel zu breiten Einsatz von Antibiotika vor allem auch in der Tiermast gelangen Antibiotikareste ins Abwasser, weil die biowirksamen

Medikamente in unseren und in den Tierkörpern nur unzureichend abgebaut werden. Von dort finden sie ihren Weg ins Meer, wo wir sie in Fischen und anderen Lebewesen finden. Bakterien stellen sich auf diese neue Bedrohung in ihren Lebensräumen ein und bilden Resistenzen aus. Das ist ihre ureigene Fähigkeit, die sie als Schutz und Anpassung an extreme Umweltbedingungen entwickelt haben.

Beispielsweise sind *Streptomyceten* als bodenbewohnende Bakterien nicht nur resistent gegen viele Umwelttoxine, sondern mittlerweile auch gegen praktisch alle aktuell eingesetzten antibiotischen Wirkstoffe. In der Regel sind sie auch gegen die von ihnen selbst erzeugten Stoffe resistent. Doch was bedeutet das für uns? Derzeit geht man davon aus, dass in Europa etwa 25.000 Menschen jährlich sterben, weil die verabreichten Antibiotika nicht mehr greifen. Andere Quellen sprachen bereits im Jahr 2005 von rund drei Millionen Europäern, die sich mit Bakterien infizierten, die gegen bekannte Antibiotika resistent waren. 50.000 von ihnen sollen daran gestorben sein. Das durch den Nobelpreisträger Fleming entdeckte Wundermittel wendet sich gegen seinen Entdecker. Die Bakterien schützen sich gegen den biologischen Krieg, den man seit 80 Jahren gegen sie führt. Banale Erkrankungen, von denen wir glaubten, sie seien längst besiegt, können wieder tödlich enden. Ein massiver Rückschritt der Medizin um fast ein Jahrhundert könnte uns drohen.

Werden es erneut die Pilze sein, die uns zu Hilfe kommen?[6] Das könnte leicht sein, denn die Zahl der Wirkstoffe, die sich in Pilzen verbergen, ist schier unermesslich. Eine einzige Art könnte schon an die 1.000 Stoffe enthalten, und wir wissen bereits, dass es auf der Erde an die 1,5 Millionen Pilzarten geben könnte.

Ob Pilze »medizinische Wunder« bewirken können und warum sie in der EU nicht längst als Medikamente zugelassen sind, wird Gegenstand eines eigenen Kapitels sein.

Frankenstein-Pilze: Wie parasitische Pilze Insekten zu Zombies machen

Hier will ich noch eine Horrorgeschichte aus dem Regenwald erzählen, die auf andere Weise deutlich macht, dass der Pilz nicht immer als Freund daherkommt. Eine Rossameise aus der Gattung *Camponotus* spaziert auf der Suche nach Futter am Boden des Regenwaldes herum. Unter einem Blatt bleibt sie stehen. Wären wir in einem Horrorfilm, würde die Kamera jetzt ganz langsam nach oben schwenken. Auf der Unterseite des Blattes hängt nämlich die zerfressene Hülle einer Schwester unserer Ameise, die ein paar Tage vorher – ebenfalls auf der Suche nach Futter – hier vorbeigekommen ist.

Die Bedauernswerte war unbemerkt durch die mikroskopisch kleinen Sporen von Pilzen aus der Gattung *Ophiocordyceps* infiziert worden und hatte zwei Tage später ihre Kolonie im Kronendach des Waldes verlassen. Ihre Muskeln waren bereits geschwächt und sie hatte Krampfanfälle, sodass sie nur noch den Weg hinunter wusste, aber nicht mehr hinauf in den Schutz ihrer Familie konnte. Längst kontrollierte der Pilz das Gehirn der Ameise und veranlasste sie, auf eine kleinere Pflanze zu klettern, um sich dort in etwa 25 cm Höhe an einer Blattader festzubeißen. Diesen Standort sollte sie nie wieder verlassen, denn die Bedingungen dort sind für den »Zombie-Pilz« optimal. Er verabreicht der Ameise den Giftcocktail, an dem sie meist sechs Stunden später stirbt. Bei Temperaturen von 20 bis 30 Grad und einer Luftfeuchtigkeit von 95 Prozent wachsen Fäden des Pilzes aus den Füßen des Insektenkadavers, damit er nicht hinunterfällt. Währenddessen wächst ein langer Stiel mit einem Fruchtkörper am Ende aus dem Kopf der toten Ameise. Der Pilz ernährt sich eine Woche lang von den inneren Organen des Tieres und hat durch dessen Panzer zusätzlich einen Schutzschild. Der neu gebildete Fruchtkörper lässt dann neue Sporen auf futtersuchende Ameisen herunterrieseln, die jetzt ebenfalls das Zombieschicksal durchleiden.

Heimtückische Raubpilze auch in unseren Breiten

Doch wir müssen gar nicht in den Regenwald reisen, um räuberischen Pilzen bei der Arbeit zuzusehen. Auch in unseren heimatlichen Gefilden wenden Raubpilze Jagdmethoden und Fangmechanismen an, welche die Vorlage für einen Horrorfilm liefern könnten. Der Pilz *Polyphagus euglenae* »überfällt« Augentierchen (*Euglena*) und saugt sie aus. Andere Pilze fangen an der Wasseroberfläche mit langen, feinfiedrigen Hyphen andere Einzeller ein. Ob im Wasser oder im Boden: Kleine Organismen wie Fadenwürmer (Nematoden), Amöben und andere bleiben an klebrigen Substanzen hängen, die vom Myzel ausgeschieden werden. Besonders skurril ist dabei die Anwendung von Lassos: *Zoophagus tentaclum* bildet aus Hyphen kleine Schlingen, in denen sich Fadenwürmer verfangen können. Durch Berührungsreize zieht sich die Schlinge zu und verhindert ein Entkommen der Beute, dann wächst der Pilz langsam in das Opfer hinein und zersetzt es mit Hilfe seiner Enzyme.

Die ungewöhnliche Ernährungsweise dieser Pilze ist eine evolutionär alte Erfindung, wie der glückliche Fund eines Bernsteinstücks beweist, in dem ein solches prähistorisches Mini-Drama verewigt ist: In ihm ist ein 100 Millionen Jahre alter nematophager, d.h. fadenwurmfressender Pilz konserviert.

Auch der gut bekannte Schopftintling, der im Herbst nahezu überall massenhaft auftritt und zu den häufigsten Pilzen in Städten zählt, ist so ein heimtückischer Geselle (abgesehen davon, dass er – in Verbindung mit Alkohol genossen – eine giftige Wirkung entfaltet). Eigentlich lebt er *saprophytisch*, also von abgestorbener organischer Materie, doch wertet er seinen Speisezettel gern mit Nematoden auf. Im Boden bildet er kleine kugelige Strukturen mit dornigen Auswüchsen aus, deren giftige Sekrete die Älchen bewegungsunfähig machen. Die auf diese Art betäubte Beute verdaut der Schopftintling anschließend innerhalb weniger Tage.

Bei Pilzen ist es dabei nicht viel anders als bei den Pflanzen: Fleischfressende Arten kommen häufig in stickstoffarmen Böden vor. Mit den »Fleischmahlzeiten« bessern sie ihren Stickstoffhaushalt auf. Mehr als 160 Arten fleischfressende, sogenannte carnivore Pilze sind der Wissenschaft bereits bekannt, und es gibt sicher noch viele, die bisher unentdeckt geblieben sind. Aber Pilze können nicht nur die Vorlage für Horrorfilme liefern.

Geniale Verkehrsplaner: Wie der Bahnverkehr von (Schleim)Pilzen profitiert

Wenn man sich die Karte eines Landes mit sämtlichen eingezeichneten Straßen-, Bahn- und Leitungsnetzen ansieht, sieht es auf den ersten Blick zwar ziemlich chaotisch aus, doch erkennt man schnell die Logik dahinter. In der Regel geht es darum, zwischen zwei Orten den kürzesten Weg zu finden. Dabei müssen topographische Gegebenheiten der Landschaft und weitere Faktoren berücksichtigt werden, dazu kommen historische Faktoren, die das menschliche Wegenetz beeinflusst haben. Nicht immer ist das Ergebnis der Verbindungssuche optimal. Schleimpilze (die systematisch nicht mehr zu den Pilzen zählen) können hier zu Infrastrukturplanern werden:

Forscher verwenden auf der Suche nach optimalen Wegeplänen Landschaftsmodelle aus Nährböden, stellen die wichtigen Städte oder sonstige Punkte als kleine, »pilzgeimpfte« Holzstücke auf, sorgen für ein optimales Klima – und lehnen sich zurück. Die geheimnisvollen Mikroorganismen strecken nun ihre Fäden in alle Richtungen aus, experimentieren herum, ziehen sich wieder zurück und suchen nach neuen Wegen. Sie haben hunderte Millionen Jahre Erfahrung – ein klarer Vorteil gegenüber den Schöpfern des Bahnnetzes mit ihren gerade mal 100 oder 150 Jahren der Ingenieurskunst. In 48 Stunden hat der Schleimpilz die Aufgabe bewältigt.

Ein besonders tüchtiger Helfer der Planer ist *Physarum polycephalum*. Dieser leicht kultivierbare Modellorganismus mit großen Zellen wird zur Untersuchung von Motilität (Beweglichkeit), Wachstum und Differenzierung von Zellen eingesetzt. Das größte bekannte Exemplar dieser Art ist zugleich die größte Einzelzelle der Welt überhaupt: 1987 züchteten Bonner Forscher einen 5,54 Quadratmeter großen *Physarum*. Bereits um die Jahrtausendwende haben Forscher nachgewiesen, dass er den kürzesten Weg zwischen zwei Punkten in einem Irrgarten finden kann und dabei ein optimales Gleichgewicht zwischen Redundanz und Effizienz wahrt. Forscher einer japanischen und einer englischen Universität entwickelten sogar einen sechsbeinigen Roboter, der von diesem Schleimpilz gesteuert wird!

Britische Forscher haben das britische Bahnnetz mit Hilfe des Schleimpilzes nachgebaut und dabei Erstaunliches entdeckt: Oft entscheidet sich der schwer definierbare Organismus genauso wie seine menschlichen Kollegen unter den Ingenieuren. Häufig wählt er logisch den kürzesten Weg zwischen zwei Punkten, doch er schafft klugerweise zusätzlich Querverbindungen zwischen den Hauptsträngen. Wenn der Hauptstrang unterbrochen wird, bricht nicht gleich alles zusammen. Uns unterrichten biologische Systeme auf diese Weise darüber, wie viele Redundanzen beispielsweise im Bahnnetz nötig sind, um in Krisenfällen einen reibungslosen Ablauf des Verkehrs zu gewährleisten.

Bioremediation: Pilze geben uns vergiftete Böden zurück
Und nicht nur als Netzplaner empfehlen sich Pilze, sondern auch als Recycling-Spezialisten. Industriebrachen und LKW-Tankstellen: Man muss kein Experte sein, um zu erkennen, dass hier jahrzehntelang keine Blumen blühen werden, wenn nichts unternommen wird. Im Boden haben sich mehr Gifte als nach einer Ölpest angesammelt, darunter supergiftige Derivate des Erdöls wie polyzyklische aromatische Kohlenwasserstoffe (PAKs).

Doch dann treten unsere Freunde auf den Plan: Holzspäne werden mit sorgsam ausgewählten Pilzen versetzt und in großen Mengen auf dem Gelände verteilt. Die Pilze schieben Myriaden ihrer Fäden unaufhaltsam und immer tiefer in den verschmutzten Boden und beginnen neben den beigemengten Holzspänen auch die komplexen Kohlenwasserstoffe anzuknabbern. Ein Jahr später findet man im Boden bereits Regenwürmer, und auch die ersten Gräser zeigen sich. Bald werden auch die Blumen zurückkommen. Das Zauberwort für diese Phänomene lautet *biologische Sanierung* oder *Bioremediation*. Es leitet sich vom selten verwendeten Wort »Remedium« für »Heilmittel« ab. Lebende Organismen kommen zum Einsatz, um verunreinigte und mit Schadstoffen belastete Ökosysteme biologisch zu entgiften. Auf diese Weise bekämpft man beispielsweise im Südosten Polens, dem industriellen Herzen des Landes, schwer verschmutzte Böden. Dank der Aura von Zink, Blei, Cadmium und Quecksilber schwebt der Hauch des Todes über dem Land. Selbst Gras wächst auf diesen Flächen nicht mehr – bis die Pilze zum Einsatz kommen. Gräser werden mit arbuskulären Mykorrhiza-Pilzen geimpft, die den Boden vom Metall befreien. Mit den unterirdischen Pilzfäden saugen sie die Metalle förmlich aus dem Boden und lagern sie in jenem Wurzelgewebe ab, das der arbuskuläre Mykorrhiza-Pilz besiedelt. Das Gift wird sicher aufbewahrt und kann den oberirdischen Pflanzenteilen nichts mehr anhaben.

Pilze sind Meister der Entsorgung und kaum etwas entgeht ihrem Appetit. Spezialisten unter ihnen können sogar an so extremen Stoffen wie Kerosin naschen und die Treibstofffilter von Flugzeugen verstopfen. In US-amerikanischen Militärjets fand man 23 Arten von Pilzen, die den Begriff »Treibstoff« auf sich selbst bezogen und in Kerosinleitungen und Filtern prächtig gediehen.

Es ist deutlich: Wir sollten Pilze niemals unterschätzen. Sie richten Milliardenschäden an, weil sie Holz, Leder, Textilien, Papier, Lebensmittel und alle möglichen und unmöglichen Materialien zersetzen; sie gefährden Pflanzen, Tiere und Menschen (und andere Pilze), indem sie Krankheiten und Allergien verursachen; sie produzieren Giftstoffe, werden für bestimmte Arten von Krebs verantwortlich gemacht, haben Millionen Menschen umgebracht, sind Urheber der meisten Pflanzenkrankheiten und haben weltweit im drastischen Ausmaß Ernten vernichtet.

Doch neben all dem machen sie unsere schöne Welt und Natur zu dem, was sie sind: zu einem einzigartigen

Ökosystem. Und gerade die Fähigkeiten der Pilze sind es, die es uns ermöglichen, Schäden, die wir Menschen dem Ökosystem zufügen, wieder zu reparieren. Pilze und Menschen sind Partner.

Gehen wir darum nun der Frage nach, wie und wann die Beziehung der Menschen zu diesen geheimnisvollen Kreaturen angefangen hat.

Wie unsere Beziehung zu Pilzen angefangen hat

....

... die Liebe lässt das Menschenherz zum Pilzgarten werden,
einem üppigen und unverschämten Garten,
in dem geheimnisvolle und freche Pilze stehen.

Knut Hamsun

Jede Beziehung hat eine Geschichte, denn sie hat irgendwann auf irgendeine Weise angefangen. Wenn dieser Anfang sehr weit zurückliegt, können unsere Vorstellungen über ihn verschwommen sein. So ist es bei den Pilzen und uns Menschen.

Das Verhältnis zu ihnen begann vor hunderttausenden von Jahren und mehr – bereits in der Zeit der ersten Hominiden. Auf allen Etappen der langen Entwicklung von den ersten Menschenartigen bis zu dem heutigen Ergebnis, das wir stolz den »vernunftbegabten Menschen« *(Homo sapiens)* nennen, haben unsere Vorfahren Pilze nicht nur gesehen und wahrgenommen. Sie haben sich auch mit ihnen beschäftigt, genauso, wie sie Pflanzen und Tiere wahrgenommen und sie nach ihrer Nützlichkeit beurteilt haben. Noch heute können wir beobachten, was vielleicht an der Wurzel unserer Beziehung zu den Pilzen steht.

Warum Affen zu Pilzen greifen
Biologen entdecken in verschiedenen Teilen der Welt immer mehr Arten unserer behaarten Verwandten, die sich ihre eigenen Arzneien aus der Natur verschreiben. Unseren nächsten Verwandten unter den Primaten, die Schimpansen, von denen wir »bloß« durch sechs Millio-

nen Jahre Evolution getrennt sind, machen das besonders gern. Sie nutzen die Kräuter- und auch die Pilzmedizin. Dabei lernen sie voneinander und übernehmen die Erfahrungen anderer. Das geht so weit, dass verschiedene Schimpansen-Gruppen ihre Blatt-Tabletten nach unterschiedlichen Mustern falten.

Zwischenzeitlich sind über 20 Arten von Primaten bekannt, die sich in unterschiedlichem Ausmaß gern Pilze einverleiben. Dieses »Fungivorie« oder »Mykophagie« genannte Verhalten kommt häufig – wie bei den Menschen ja auch – opportunistisch zum Vorschein, d.h., wenn die Schwammerl wachsen, dann werden sie gegessen. Die Spezialisierung auf eine fast reine Pilzdiät ist unter Primaten sehr selten, kommt aber vor: Die in China endemischen Schwarzen Stumpfnasen verbringen 95 Prozent der Zeit der Nahrungsaufnahme mit dem Verzehr von Pilzen. Diese Affenart lebt in 3.000 bis 4.500 Metern Höhe. In diesem Lebensraum gibt es außer extremophilen Flechten, die zu einem beträchtlichen Teil aus Pilzen bestehen, nicht viel anderes zu beißen.

Der Zunderschwamm als Heftpflaster und Feuerzeug
Wie heute Primaten zu Pilzen greifen, so hat der Umgang mit diesen Gewächsen die Menschwerdung begleitet. Dabei wuchs das Wissen um die Pilze, darum, dass sie töten und dass sie heilen können. Durchaus möglich, dass in diesem oder jenem Hominidenklan bald ein »steinzeitlicher Paracelsus« gelebt und aus Erfahrung gewusst hat, dass für die Wirkung die Menge ausschlaggebend ist: Die Dosis macht eben das Gift. Oft genug wird dieses Wissen wieder verloren gegangen sein, um später vielleicht neu entdeckt zu werden. Wann es den Menschen zum ersten Mal aufgefallen ist, dass der Zunderschwamm Blutungen stoppt, werden wir nie erfahren. Und die Erkenntnis,

dass er zu 87 Prozent aus dem auch wirtschaftlich interessanten Beta 1,3/1,6 D-Glucan-Melanin-Chitin-Komplex besteht, sollte noch zehntausende Jahre auf sich warten lassen. Und zuvor hatte es wohl schon ähnlich lange gedauert, bis der Mensch gelernt hatte, mit Zunder Feuer zu machen.

Die Entdecker der *Magic Mushrooms* lebten in der Urzeit
Der Konsum von Pilzen traf beim Menschen irgendwann auf ein Bedürfnis, das Tiere nicht haben. Das Bedürfnis nämlich, auf existentielle Fragen eine Antwort zu finden. »Woher kommen wir?«, »Wohin gehen wir?« und »Was können wir gegen die Angst vor dem Tod tun?« – Weil der Mensch über sich selbst nachdenken und nach dem Sinn seines Lebens fragen konnte, begann er Religion und Spiritualität zu entwickeln.

Eine Begleiterscheinung dieser Entwicklung war die Herausbildung einer Gruppe spiritueller Spezialisten unter den Menschen, der Schamanen. Sie lernten, sich mit Hilfe von Pilzen in geistig entrückte Zustände zu versetzen.

Noch heute können wir Felsen- und Höhlenmalereien betrachten, in denen Menschen der Steinzeit ihre religiösen Vorstellungen auch künstlerisch ausgedrückt haben. Zu den ältesten Kulturzeugnissen dieser Art zählen die Felsenmalereien von Tschukotka im äußersten Nordosten Russlands. In dieser rauen, von Tundra bedeckten Gegend, in der Stürme zu jeder Jahreszeit oft Orkanstärke erreichen, fand man in Höhlen Zeichnungen, die Menschen darstellen, über denen schematisierte Pilze schweben. Sowohl die Datierung als auch die Interpretation dieser Bilder fallen schwer. Manche Ethnologen sind der Meinung, dass es sich um Zeugnisse eines Fliegenpilz-Kultes handle, der in dieser Gegend uralte Wurzeln hat.

Vielleicht noch älter sind ähnliche Felsenmalereien aus der Zentralsahara im südlichen Algerien. Die Tassili n'Ajjer, eine Gebirgsgegend, ist für ihre prähistorischen Felsmalereien und andere archäologische Fundstätten aus einer relativ kühlen und feuchten Phase vor ungefähr 6.000 Jahren bekannt. Neben Elefanten, Giraffen und Krokodilen finden sich hier allerhand Pilzmotive, die aufs Engste mit menschlichen Körpern verwoben sind. Die Darstellungen der Menschen wirken, als ob ihre Körperteile die Form von Pilzen hätten oder diese aus ihren Köpfen wachsen würden. Man vermutet einen Zusammenhang mit dem berauschenden Einsatz von Pilzen.

Im Rausch der Fliegenpilze

Inhaltsstoffe der Fliegenpilze mit halluzinogener, aber auch toxischer Wirkung sind Ibotensäure, Muscimol und Muscazon. Todesfolgen nach dem Verzehr sind zwar kaum überliefert, doch können sie Übelkeit, Erbrechen und Herzrasen hervorrufen. Ibotensäure hat man in Tierversuchen als starkes Nervengift entlarvt, doch wird sie beim Lufttrocknen in weniger giftige Derivate abgebaut. Es den alten Schamanen nachmachen zu wollen, ist dennoch nicht besonders klug. Das Risiko besteht in der Unberechenbarkeit der Wirkstoffkonzentration in einzelnen Pilzen und an verschiedenen Standorten. Unterschiedliche Quellen geben Schwankungen bis zum Faktor 100 oder sogar 500 an, was den Gehalt der Toxine und Halluzinogene angeht. So sollen die von den Ureinwohnern Sibiriens konsumierten Fliegenpilze ein anderes Verhältnis der drei Wirkstoffe zueinander haben als die heimischen Fliegenpilze in Mitteleuropa. Das Glück der sibirischen Schamanen war vielleicht, dass die halluzinogene Komponente in Relation zur Giftwirkung dort mehr in den Vordergrund tritt.

Eine eher unappetitliche Geschichte dieser Fliegen-
pilz-Kulturgeschichte ist ebenfalls aus Sibirien überliefert. Nach *Drogen Wikia* geht sie wie folgt: *Da Muscimol
fast vollständig wieder ausgeschieden wird, lässt sich der
Urin von Fliegenpilzkonsumenten oder auch von mit Fliegenpilz gefütterten Tieren ebenfalls als Droge verwenden.
Diese Konsumform bietet den Vorteil, dass Giftstoffe wie
Ibotensäure, Muscazon und Muscarin abgebaut werden und
nur das psychotrop wirksame, aber trotzdem noch giftige,
Muscimol erhalten bleibt.* Damit wurde das Trinken des
Urins eines berauschten Schamanen zum sicheren Weg,
selbst einen Trip anzutreten. Oder aber der Schamane
trank den Urin von Rentieren, die Fliegenpilze verzehrt
hatten. Die genannte Internetseite bezeichnet diese
Praktiken als »gewöhnungsbedürftig«.

Ein Trank, der es in sich hat
Bei europäischen Völkern wurde dieser ungewöhnliche
Fliegenpilzgebrauch der sibirischen Schamanen erst im
18. Jahrhundert einem breiteren Publikum bekannt. Der
vielleicht früheste Bericht darüber stammt vom schwe-
dischen Oberst Philip Johan von Strahlenberg, der in
einem 1730 erschienenen Buch über seine Kriegsgefan-
genschaft in Kamtschatka über die dort beheimateten
Völker berichtete:
*Die Russen, so mit ihnen handeln und verkehren, brin-
gen ihnen unter anderen Waren auch eine Art Schwämme,
die in Rußland wachsen, hin welche auf Rußisch Muchu-
mor (Fliegenpilz) genannt werden, die sie vor Eichhörner,
Füchse, Hermelinen, Zobeln etc. an sich tauschen, da denn
die Reichen unter ihnen eine ziemliche Provision von diesen
Schwämmen sich zum Winter machen können. Wenn sie
nun ihre Festtage und Collationens halten wollen, giessen
sie Wasser auf diese Schwämme, kochen selbige, und trinken*

sich davon voll, alsdenn lagern sich um der Reichen Hütten die Armen, die sich dergleichen Schwämme-Provision nicht machen können, und warten biß einer von den Gästen herunter kömmt, sein Wasser abzuschlagen, halten ihm eine hölzerne Schaale unter, und sauffen den Urin in sich, worinn noch einige Krafft von den Schwämmen stecket, davon sie auch voll werden, wollen also solche kräftige Wasser nicht so vergeblich auf die Erde fallen lassen.

So haben unsere Vorfahren die bewusstseinserweiternde Wirksamkeit von Pilzen entdeckt. Die *Magic Mushrooms* sind keine Erfindung der Hippie-Generation. Mit ihrer Hilfe konnten die Schamanen bei spirituellen Sitzungen, bei Befragungen der Geister und Toten, beim Rätselraten über das Schicksal eines Kranken und um als Orakel zu agieren den Zustand ihres Bewusstseins verändern. Vielleicht wuchsen dem Schamanen so hellseherische Kräfte zu, sodass er auch über den Verbleib eines gestohlenen Haustiers oder über die Treue des Partners Auskunft geben konnte.

Psychoaktive Pilze – Magie von Kuhfladen

Einer von denen, die sich intensiv mit den Fragen rund um Schamanismus und Pilze beschäftigt haben, war das im Jahr 2000 leider verstorbene US-amerikanische Multitalent Terence McKenna. Der Sprachwissenschaftler, Philosoph, Buchautor, Mathematiker und Historiker betätigte sich nebenbei auch als Biologe, Psychologe und Bewusstseinsforscher. Außerdem ist er einer der Wegbereiter der Ethnopharmakologie, die sich mit der Frage beschäftigt, wie unterschiedliche Kulturen mit unterschiedlichen medizinisch wirksamen Substanzen umgehen. Besonders fasziniert haben ihn psychoaktive Pilze und ihre Rolle im Schamanismus. Für einen Pilzkenner ist darum einleuchtend, dass er sich vor allem für Fliegenpilze und verschiedene Spezies von *Psilocybe* wie den Kubanischen Kahlkopf interessierte.

McKennas Theorien waren gewagt: Er sah bereits die Evolution des Menschen in Afrika in Zusammenhang mit dem Konsum von *Magic Mushrooms* aus der Gattung *Psilocybe*. Kein Wunder, dass andere Wissenschaftler manche seiner Vorstellungen als spekulativ ansahen und nicht wirklich ernst nahmen. Und dennoch kann niemand ausschließen, dass manche von McKennas Theorien vom »berauschten Affen« stimmen. Elemente seiner Überlegungen sind nicht neu, viele entsprechen allgemein anerkannten Annahmen: Der nord- und ostafrikanische Dschungel zog sich zurück, weite Steppen- bzw. Savannenlandschaften traten an seine Stelle, in denen riesige Tierherden umherstreiften und grasten. Es ist naheliegend zu vermuten, dass unsere Vorfahren diesen Herden folgten. Wer aber einer Herde folgt, der wird auch in den Dung der Tiere treten. Und auf diesen Haufen finden sich häufig bestimmte magische Pilze – *Die Speisen der Götter*, wie McKenna eines seiner Bücher nannte. Wirkliche Beweise für die Nutzung von Pilzen durch Menschen haben wir zwar erst für die letzten 20.000 Jahre. Doch um McKenna etwas in Schutz zu nehmen: Warum soll die Beziehung der Menschen zu Pilzen vor dieser Zeit eine andere gewesen sein? Auch was die Beziehung von Pilzen und Menschen anbelangt, dürfen wir das wissenschaftliche Prinzip der Gleichförmigkeit der Prozesse annehmen. Es besagt, dass beispielsweise geologische Vorgänge, die heute zu beobachten sind, in der Vergangenheit ebenso gewirkt haben. Von heutigen Abläufen wären damit Rückschlüsse auf Bildungsprozesse in der Vergangenheit möglich.

Was Mutter Erde hervorbringt

Wir können daher mit Recht annehmen, dass Menschen die Pilze in dieser oder jener Form weltweit und seit Urzeiten genutzt haben. Zu bestimmten Jahreszeiten treten die Fruchtkörper der Pilze unter günstigen Bedingungen derart massenhaft auf, dass sie von keinem intelligenten Lebewesen übersehen werden können. Und unsere Vorfahren verfügten schon seit langer Zeit über Intelligenz: Im Jahr 2015 entdeckte man, dass Vormenschen – noch bevor die Gattung Mensch (*Homo*) überhaupt entstand – in Afrika bereits vor 3,3 Millionen Jahren Steinwerkzeuge hergestellt haben, 700.000 Jahre früher als bisher gedacht. Es ist unwahrscheinlich, dass diese Hominiden, die aufs Engste mit der Natur verbunden lebten und auf alles angewiesen waren, was diese zu bieten hatte, sich nicht mit den Pilzen in ihrer Umwelt befasst hätten, um sie auf ihren möglichen Nutzwert zu prüfen.

Dabei waren die Einstellungen zu diesen außergewöhnlichen Wesen im Lauf der Zeit recht ambivalent. Pilze galten als Träger geheimer Kräfte, als Gleichnis steter Erneuerung und ewigen Wachstums. Mal waren sie lange gar nicht zu sehen, dann erschienen die *Wesen der Finsternis* plötzlich und massenhaft von einem Tag auf den anderen. Wenig verwunderlich, dass den Menschen diese *Kinder der Nacht* nicht ganz geheuer waren. Leicht konnte man dem Glauben verfallen, es handle sich um Produkte einer unheilvollen Zusammenarbeit jenseitiger Kräfte mit Mutter Erde.

Steinzeitmenschen lassen es sich mit Pilzen gut gehen

Vor etwa 20.000 Jahren passierte für uns Spurensucher etwas Wunderbares. Gemütlich saß eine Runde von

Steinzeitmenschen in der El-Mirón-Höhle in Cantabrien am Lagerfeuer. Zufriedene Schmatzgeräusche waren in der behaglichen Atmosphäre der Höhle zu hören. Auf deren Wänden tanzten die Schattenwesen des Lagerfeuers.

»Wunderbar, diese auf heißen Steinen gebratenen Steinpilze mit Wildschweinschmalz«, brummte der Häuptling des Klans zufrieden. »Es hat in den letzten Wochen nur geregnet. Und viel wärmer als sonst Ende September ist es auch ... Kein Wunder, dass sie jetzt aus dem Boden sprießen ...«

Der kleine alte Mann, den sie wegen einer schlecht verheilten Verletzung Krummbein nannten, konnte nicht mehr mit auf die Jagd gehen. Dafür kannte er alle Pilze und Pflanzen des Waldes.

Eine Weile hörte man nur das Schmatzen und Mümmeln, Manschen und Schnalzen der Essenden. Selbst die Kleinen ließen von der Brust der Mutter ab und streckten ihre Händchen zum Korb aus, in dem die fertig gebratenen Steinpilze herrlich dufteten.

»Nicht vergessen, noch bevor die Sonne untergeht, treffen wir uns am Feuerplatz vor der Höhle. Der Große Geist wird zu uns sprechen ... hm, hm ... Seine Boten mit den roten Hüten sind da ...«, murmelte Krummbein mit vollem Mund, doch der Klan hörte ihm kaum zu. Schon lange hatten sie sich auf die ersten Pilze gefreut, denn der Sommer war viel zu heiß und trocken gewesen, und die Wesen der Erde waren verborgen geblieben. Jetzt aber, jetzt war der ganze Wald voll von ihnen. Es genügte, einige Schritte aus der Höhle hinauszugehen ...

An dieser Stelle hören wir mit der steinzeitlichen Märchenstunde auf, die vielleicht gar kein Märchen ist. Denn womöglich hat es sich in der El-Mirón-Höhle in Cantabrien so ähnlich abgespielt. Wissenschaftler fanden in ihr Schädel mit Zähnen, die spannende Geschichten über Pilze zu erzählen haben. Die Schädel stammen aus dem sogenannten Magdalenian, einer Epoche der Steinzeit zwischen 18.000 und 12.000 vor Christus. Robert Power vom Max-Planck-Institut für evolutionäre Anthropologie in Leipzig hat sie untersucht. Ablagerungen auf den Zähnen dieser Schädel verraten den Forschern viel über die Ernährungsgewohnheiten der Menschen jener Zeit.

Die Steinzeitmenschen vor 18.000 Jahren aßen recht vielfältige Kost, in der diverse Pflanzen und auch Pilze nicht fehlten. Und die Menschen wussten offenbar schon damals genau, was gut ist: Die unter den Hochleistungsmikroskopen gefundenen Spuren – und Sporen – deuten in Richtung von Dickfußröhrlingen der Gattung *Boletus* – das ist jene Verwandtschaft mit bis zu 50 Arten, Varietäten und Formen in Europa, zu der auch der Steinpilz gehört. Er ist bis heute einer der begehrtesten Speisepilze.

Und auch die berauschenden Wirkungen des Fliegenpilzes waren den Steinzeitmenschen bekannt. Spuren von *Amanita muscaria* fanden sich ebenfalls auf den Ablagerungen der Zähne. Viele Wissenschaftler sehen im Fliegenpilz darum das älteste bewusstseinsverändernde Mittel unserer Geschichte, die älteste Droge der Menschheit.

Das Wunder von *Saccharomyces cerevisiae* – oder: Warum der Mensch sesshaft wurde

Das Sortiment der Rauschmittel wurde aber bald durch ein Getränk ergänzt, das sich noch heute größter Beliebtheit erfreut. Und auch hier spielt ein Pilz eine besondere Rolle. Die Steinzeitmenschen allerdings hatten ihn noch nicht entdeckt. Als Nomaden zogen die Klans von Region zu Region, suchten nach den üppigsten Jagdgründen und wohlschmeckendsten Pflanzen, Samen, Nüssen und Pilzen. Vor grob gerechnet 12.000 Jahren aber begannen die umherziehenden Gruppen gelegentlich die Körner von Wildgetreide zu nutzen. Mit harten Gegenständen wurden diese auf flachen Steinen zermalmt, um sie leichter verwerten zu können. Etwas von diesen Wildgetreideresten blieb unbeachtet liegen, wurde vielleicht im Regen feucht.

Der Steinzeitmensch beachtete dieses Malheur nicht weiter, bis er nach einigen Tagen merkte, dass sich Geruch und Aussehen der zurückgebliebenen Getreidereste und der Flüssigkeit geändert hatten. Er steckte den Finger hinein, schnüffelte daran, schleckte seinen Finger ab, machte ein staunendes Gesicht. Das Bier war geboren!

Bald überschüttete man wahrscheinlich Getreidekörner in einer flachen Pfanne mit Wasser. Die Schamanen und Medizinmänner der Klans hatten entdeckt, dass die neue Flüssigkeit sich leicht herstellen ließ und sich ihr Konsum äußerst positiv auf ihre Arbeit auswirkte. Ein berauschter, hüpfender, schreiender und sich vergessender Schamane hat bestimmt ein beeindruckenderes Bild abgegeben als ein nüchterner. Das neue Mittel wirkte sich außerdem positiv auf das Wohlbefinden des Schamanen aus – und auf das seiner Klientel.

Ein steinzeitliches Oktoberfest

Offenbar konnten die Menschen von dem neu entdeckten gelblichen Getränk gar nicht genug kriegen. Doch bald schon zeigte sich ein Problem: Egal wie lange man auch die Frauen und Kinder hinaustrieb, um nach Körnern zu suchen, und selbst, wenn in ihrer Verzweiflung auch noch die Männer dabei mitmachten, die Ernte blieb zu mager und das Urbier Mangelware. – Es musste etwas Bahnbrechendes geschehen.

Und hier kommt nun die Theorie des – wie könnte es anders sein – bayerischen Biologieprofessors Joseph Reichholf ins Spiel. Er vermutet, dass die Sesshaftwerdung der Menschheit eine Folge der Entdeckung des Bieres ist. Um nämlich mehr Getreide zu erhalten, begannen die Klans Waldflächen zu roden und Getreide anzubauen.

Man blieb in der Gegend, um auf die Getreidefelder aufzupassen, damit sie nicht vom Wild oder feindlichen Klans zerstört wurden. Und um mehr Bier herstellen zu können. Erst später, sozusagen als Nebenprodukt dieser ganzen Entwicklung, folgte das Brot. Das Sesshaftwerden war dieser Theorie nach also nicht die Folge knapper werdender Wildbestände, wie man lange Zeit angenommen hat. Am Anfang dieses Prozesses stand vielmehr – um es bayerisch zu sagen – das steinzeitliche Oktoberfest! Zwar verstanden die Menschen noch nicht, was da vor sich ging und dass ihnen Hefepilze zum beglückenden Rausch verhalfen, aber in der langen Geschichte der Mensch-Pilz-Beziehung war definitiv ein neues und wichtiges Kapitel aufgeschlagen, an dem bis in die Gegenwart weitergeschrieben wird.

Der Getreideanbau setzte sich vor etwa 11.500 Jahren in der Südosttürkei und Nordsyrien durch. Kurz darauf folgte der gesamte ostmediterrane Raum. Die ersten Tempel wie Jerf el Ahmar und Göbekli Tepe entstanden, parallel dazu größere, nicht primär agrarisch tätige Siedlungen. Später kamen erste große Städte und Stadtstaaten hinzu. Und überall wurde Bier gebraut und getrunken.

Die älteste Schankordnung der Welt

Was aber für viele Menschen wichtig ist, muss ordentlich geregelt sein.

Gern prahlen die Bayern damit, dass das erste Lebensmittelgesetz der Welt auf sie zurückgeht: Am 30. November 1487 hat es das Licht der Welt erblickt, als Herzog Albrecht IV. von Bayern eine verbindliche Ordnung darüber erließ, welche Zutaten zum Bierbrauen verwendet werden durften, nämlich ausschließlich Gerste, Hopfen und Wasser. Leider vergessen die bayerischen Lokalpatrioten, dass es schon 3.600 Jahre zuvor Bemühungen gegeben hat, eine halbwegs einheitliche Bierqualität sicherzustellen. Im sumerischen *Codex Hammurabi*, einer Sammlung von Rechtssprüchen aus dem 18. Jahrhundert v. Chr., findet sich die älteste überlieferte Bierschankordnung der Welt. Das Gesetz war ziemlich rabiat, woraus man schließen kann, dass man das Thema recht ernst nahm: *Die Wirtin, die sich ihr Bier nicht in Gerste, sondern in Silber bezahlen lässt, oder die minderwertiges Bier ausschenkt, wird ertränkt.* Bier zu brauen und zu verkaufen war schon damals eine ernste Sache!

Bier ist nicht gleich Bier

Die Sumerer und später die Babylonier kannten bereits mindestens 20 unterschiedliche Sorten Bier. Dabei spielte Emmer oder Zweikorn (*Triticum dicoccum*) die Schlüsselrolle. Es handelt sich hierbei um eine Weizenart, die zusammen mit Einkorn eine der ältesten kultivierten Getreidearten ist. Auch die Gerste (*Hordeum vulgare*), eine Art der Süßgräser, zählte zu den wichtigsten Getreidearten und Bier-Rohstoffen. Im Zwischenstromland ausgeschenkt wurde Emmerbier, Gerstenbier, Dünnbier, Schwarzbier, Feines Schwarzbier, Feines Weißbier, Rotes

Bier, dunkles Starkbier, Lagerbier für den Export nach Ägypten und einiges mehr.

So hat der Gerstensaft irgendwo an der Grenze der neolithischen Revolution seinen weltweiten Siegeszug angetreten, weil Pilze in das Leben der Menschen traten. Und so wie jede andere nützliche Erfindung der Menschen kann uns auch diese zum Verhängnis werden: Das Stoffwechselprodukt eines Hefepilzes tötet wesentlich mehr Menschen als alle Pilzgifte zusammengenommen. Alle zehn Sekunden soll ein Mensch durch Alkohol sterben, in Europa und Deutschland ist es eines der größten Gesundheitsrisiken und nach Angaben der WHO einer der gefährlichsten Stoffe, die es gibt. 5,1 Prozent der weltweiten Krankheitslast und körperlichen Beeinträchtigungen hängen mit Alkoholkonsum zusammen und 5,9 Prozent aller Todesfälle weltweit werden entweder durch Alkoholkonsum verursacht oder indirekt als seine Folge durch Gewaltakte und Verkehrsunfälle. Die spätsteinzeitlichen Schamanen konnten nicht ahnen, was sie mit ihrer Entdeckung kaum 15.000 Jahre später anrichten würden.

Bäcker, Brauer, Hefepilze

Zu Pilzen und Bier gehört auch das Brot. Und das geht so: Historisch gesehen war der Beruf des Bäckers eng mit dem des Brauers verbunden. Bäcker hielt man im Mittelalter oft für geniale, aber ebenso für vom Teufel gesegnete Bierkünstler. Ihre Braukünste waren umso erstaunlicher, weil man den Grund für ihre Erfolge nicht verstand. Während den meisten Bierbrauern im Mittelalter von zehn Brauversuchen Bier nur zwei gelangen, hatten viele Bäcker mit dem Brauen kein Problem. Sie brauten drauf los – sogar ohne irgendwelche Zusätze wie Ochsengalle, Safran oder Hirschhornsalz – und ihr Bier gelang! Daher wurde das Braurecht im Mittelalter oft und gern an Bäcker vergeben.

Zu verdanken war das wundersam anmutende Geschehen schlicht der Hefe. In jeder Backstube schwirren noch heute Unmengen von mikroskopisch kleinen Hefezellen herum, die ein wunderbares obergäriges Bier erzeugen.

Hinter den Vorgängen rund um die beliebten Getränke steckt *Saccharomyces cerevisiae*, die Back- oder Bäckerhefe, die man eben auch Bierhefe nennt. Der aus dem Griechischen und Lateinischen stammende Gattungsname *Saccharomyces* bedeutet nichts anderes als Zuckerpilz. Und das Artbeiwort *cerevisiae – des Bieres –* legt nahe, dass dieser einzellige Pilz hinter dem Erfolg der Bäcker als Bierbrauer steckte.

Die für uns mit bloßem Auge unsichtbaren, rundlichen bis ovalen Zellen von *Saccharomyces cerevisiae* haben einem Durchmesser von fünf bis zehn Tausendstel Millimeter. Sie wurden aus mehreren Gründen zu einem der wichtigsten Modellorganismen der molekularbiologischen und zellbiologischen Forschung, denn es ist einfach, sie in Kultur zu halten und ihre interne Zellstruktur zeigt starke Ähnlichkeiten zu der anderer eukaryotischer Zellen in der Pflanzen- und Tierwelt. Eukaryoten nennt man sämtliche Lebewesen mit echtem Zellkern, also sämtliche Organismen auf unserem Planeten bis auf die Bakterien und Archaea, beides Mikroorganismen ohne echen Zellkern.

Und so wurde *Saccharomyces* auch zum ersten eukaryotischen Organismus, dessen Genom vollständig ermittelt wurde. Es besteht aus 13.000.000 Basenpaaren und 6.275 Genen in 16 Chromosomen. Das menschliche Genom umfasst im Vergleich dazu 3.270.000.000 Basenpaare und etwa 23.000 Gene. Allerdings ergibt ein

Vergleich der Genom-Größe oder der Anzahl der Gene mit der Komplexität und dem Organisationsgrad einer Art nicht immer einen klaren Zusammenhang. Gemüsekohl hat beispielsweise mit 100.000 viermal mehr Gene als ein Mensch.

Was jedoch verblüffender als diese Zahlen allein ist: Wir Menschen sind mit jenem Hefepilz, der Bier, Wein und Brot entstehen lässt, zu einem beträchtlichen Maß verwandt! Immerhin etwas über 23 Prozent der Gene der Hefe lassen sich auch in unserem eigenen Genom finden.

Mit Pilzen Feuer machen ...

Die Folgen eines Bierrausches werden umgangssprachlich gerne als »Brand« bezeichnet. Tatsächlich kannten unsere Vorfahren aber nicht nur diese Form des von Pilzen (mit-)verursachten Brandes. Sie zündeten mit einem Pilz, dem Zunderschwamm, auch ihre Lagerfeuer an. Zunder zählt neben den halluzinogenen »narrischen Schwammerln« und den Speisepilzen zu den ältesten von Menschen verwendeten Pilzen – er ist sozusagen das älteste Feuerzeug der Welt. *Fomes fomentarius,* wie er wissenschaftlich heißt, fand man in bedeutenden Fundstätten der sogenannten Maglemose-Kultur (etwa 9000 bis 6500 v. Chr.) in Magle Mose (dänisch für Großes Moor) an der Westküste Seelands in Dänemark oder in der an Artefakten aus Holz und Knochen reichsten mesolithischen Fundstätte Englands, Star Carr, bei Scarborough in North-Yorkshire. Die Träger dieser Kultur waren Jäger und Sammler, die ohne Zunder über Jahrtausende hinweg kein Feuer hätten machen können. Spätere Funde stammen vom berühmten Pfahlbau von Alvastra in Östergötland in Schweden und von der Feuchtbodensiedlung Ehrenstein bei Ulm, einem wichtigen Ausgrabungs-

platz der *Schussenrieder Kultur.* Wann und wie unsere

Vorfahren den passenden Pilz für diesen Zweck zum ersten Mal entdeckt haben, ist jedoch unbekannt.

Der Zunderschwamm befällt geschwächte Laubbäume, vor allem Buchen und Birken. Seine bis zu 30 Zentimeter messenden, grauen, konsolenförmigen und mehrjährigen Fruchtkörper sind nicht zu übersehen. Viele Waldwanderer gehen an ihnen vorbei, ohne zu wissen, dass sie eine der spannendsten Geschichten unserer Kulturgeschichte zu erzählen haben. Aus dem Schwamm wurde seit Urzeiten Zunder hergestellt, eine Kunst, die heute am Aussterben ist. In Scheiben zersägt wurde der Schwamm aufgekocht, um die locker-filzige Mittelschicht des Pilzes, die sogenannte Trama, ablösen zu können. Diese wurde anschließend mit einem Holzhammer zu Fladen geklopft, wodurch der Zunder weich wurde. Nachdem er getrocknet war, tränkte man ihn mit Salpeterlösung. In früheren Zeiten wurde er zum selben Zweck drei bis vier Tage lang in Urin eingelegt.

Nach einer weiteren Trocknung war das älteste Feuerzeug der Welt fertig, um in einer Zunderbüchse oder sonst einem geeigneten Kästchen zusammen mit einem Feuerstein und einem Stückchen Pyrit oder Metall zum Funkenschlagen aufbewahrt zu werden. Bei Bedarf wurde der Zunder an den Feuerstein gelegt, der wiederum mit seinem Gegenstück geschlagen werden musste, um Funken zu erzeugen. Diese fingen sich im staubtrockenen Zunder und dann genügte es, ein wenig zu blasen, um die Glut anzufachen.

Auch um blutstillende Wundauflagen herzustellen, wurde der Zunderschwamm noch bis ins 19. Jahrhundert hinein verwendet. Wir werden vermutlich nie erfahren, wann die Menschen diese Eigenschaft des Pilzes entdeckt haben. Ähnlichen Zwecken dienten später auch **67** manche Boviste wie der Schwärzende Eierbovist und der Hasen-Stäubling. Etwa 2.000 Jahre alte Hinweise dafür fand man an verschiedenen Standorten auf den Britischen Inseln.

Gerne würde ich Ihnen weitere spannende Pilzgeschichten unserer Kulturgeschichte schildern, doch würden die Erzählungen kein Ende nehmen.

Die bisherigen Ausführungen dürften aber schon klargemacht haben: Eine wohlriechende, knusprige *Pizza funghi* mit echtem Mozzarella ist nur ein vernachlässigbar kleiner, relativ moderner Teilaspekt einer sehr alten, langen, intensiven, zwiespältigen und vielfältigen Kulturbeziehung zwischen zwei grundverschiedenen Lebewesen.

EIN SCHWÄNZCHEN ALS DES RÄTSELS LÖSUNG
Die Evolution der Pilze und ihre Erforschung

....

Im dunkeln Walde Schaaren von Pilzen gleich den
Schemen des Schattenreiches,
ein unerfreuliches Volk, in dem die Frucht den
Stamm überwältigt, die Blätter erdrückt,
die Blühte übereilt; im fließenden Krystall
schwankende Smaragde,
seidenhaarige, schlüpfrige Conferven,
im Chaos ihrer Fäden noch zahlreiche
mikroskopische Bildungen bergend ...

Johannes Franz Xavier Gistel in: Carolus Linnaeus: ein Lebensbild

In einem hoffentlich unterhaltsamen Sachbuch über Pilze eine möglichst allgemeinverständliche Sprache verwenden zu wollen, ist ein schöner Vorsatz, doch bei dem jetzt folgenden Thema fällt das nicht gerade leicht. Wir wollen verstehen lernen, wie die Pilze nach den derzeit geltenden wissenschaftlichen Vorstellungen überhaupt die Bühne der Welt betreten haben

Die Materie ist so komplex, dass selbst jene, die vor Jahrzehnten Biologie studiert haben, den hier skizzierten Ablauf der Evolution kaum kennen. Denn die Ansichten darüber, wie die großen Zweige des Lebensbaumes zusammenhängen, haben sich in den letzten Jahren radikal verändert. Die Namen, die in den modernen wissenschaftlichen Publikationen auftauchen, sind teilweise erst wenige Jahre alt: *Amorphea, Diaphoretickes, Archaeplastida* (zu ihnen zählen die Pflanzen), *Excavata*. Und natürlich die überaus wichtigen *Opisthokonta*. Noch

69

nie gehört? Machen Sie sich nichts daraus: Altgedienten Biologen, die noch mit den hergebrachten biologischen Systematiken aufgewachsen sind, geht es ebenso.

Die aufkeimende Biologie und die Vielfalt des Lebens

Bevor Carl von Linné vor etwa 250 Jahren daranging, die Lebewesen systematisch in Schubladen zu ordnen, herrschte in der noch jungen Naturwissenschaft im wahrsten Sinne des Wortes Chaos. Was war denn das alles, was man da im Mikroskop entdeckte: spontan aus Schlamm entstandene Würmchen, Tiere, Pflanzen? Können Sie sich vorstellen, wie aufregend, geheimnisvoll und neu damals alles war? Täglich konnte man weltbewegende Sensationen entdecken. Die Welt stand den Forschern offen. Die aufkeimende Biologie – einen abgegrenzten Forschungsbereich hatte sie damals noch gar nicht – fing gerade damit an, die Vielfalt des Lebens, die Biodiversität, zu erahnen.

Zu diesen Zeiten wusste man über die Pilze so gut wie nichts. Man erahnte nicht, dass das unsichtbare Geflecht von Hyphen im Boden, im Holz und anderen Substraten, das Myzel, der eigentliche Pilz ist. Man hatte keine Ahnung vom verzwickten Sex bei Pilzen oder davon, wozu dieses auffällige Sporenpulver unter dem Fruchtkörper gut sein sollte. Auch die enorme ökologische Bedeutung dieser Kreaturen für den Wald und unsere Welt lag im Dunkeln.

Die Kategorien, mit denen die Forscher damals mit der wachsenden Menge an Wissen fertig zu werden versuchten, waren aus heutiger Sicht zwar zu einem gewissen Grad falsch, allerdings überschaubarer als heute, in der Ära der Molekularbiologie. Man hatte einigermaßen geeignete Schubladen, um die Ergebnisse der damals noch wenig bestrittenen göttlichen Schöpfermacht zu verstauen.

Heute ist dieses alte Wissen komplett über den Haufen geworfen. Die moderne biologische Systematik hat mit molekulargenetischen Methoden die alten Spekulationen abgelöst. Die alten Schubladen gibt es nicht mehr – und keiner kennt sich mehr aus. Immerhin: Die führenden Systematiker und Taxonomen meinen, dass es in einigen Jahren vielleicht wieder besser werden könnte …

Die Vielfalt ordnen

Aber zurück ins 18. Jahrhundert: Immer mehr neue Arten wurden beschrieben, ohne aber wirklich zu verstehen, was eine Art überhaupt sein sollte. Man ging noch von ihrer Unveränderlichkeit aus. Betrachtete sie in Anlehnung an den sogenannten »Schöpfungsbericht« der Bibel als eine von Gott geschaffene Entität. Diese wurde dann von den eifrigen Naturforschern eher umschrieben als beschrieben. In den gelehrten Büchern von damals, die in der Regel lateinisch geschrieben waren, finden sich als Namen sonderbare Aneinanderreihungen wichtiger Merkmale wie: *Die mit roten Blüten und langem Stängel, die im Schatten wächst und zweimal im Jahr blüht.* Dieses hier erfundene Beispiel macht deutlich: Die Nomenklatur für Pflanzen war unscharf und nicht anders war es mit der für Tiere und für Pilze.

Für wissenschaftliche Artbeschreibungen fehlten der Rahmen, ein einheitliches Vokabular, eine Methode, ein System, eine Anleitung. Jeder Naturwissenschaftler machte es auf eigene Faust, sodass in der losen Gemeinschaft der Forscher am Ende sozusagen die Linke nicht mehr wusste, was die Rechte tat.

Versuche, die Vielfalt zu ordnen, gab es unzählige, und auch das Konzept, nach Gattungen und Arten zu ordnen, war vor Linnés Zeit bereits diskutiert worden.

Aber die Ideen der entsprechenden Autoren setzten sich nicht durch. Und für die dringend erforderliche »Schubladisierung« fehlten noch die höheren systematischen Kategorien.

Auch die Pilze, die man schon seit Urzeiten kannte und nutzte, konnte niemand wissenschaftlich auch nur annähernd korrekt einordnen. Man verstand nicht einmal den Weg ihrer Vermehrung. Der Glaube an die Urzeugung, die *generatio spontanea*, ein uralter Irrglaube, wurde durch Pilze weiter genährt: Leben entstehe einfach nur so, aus Schlamm und feuchter Erde. Oft sah man ja monatelang so gut wie keine Pilze, dann konnten sie plötzlich in unvorstellbaren Massen aus dem Boden schießen. Sie mussten also im Schlamm »einfach so« entstehen.

Carl von Linné ordnet die Welt

Dann trat Carl von Linné auf den Plan, ein talentierter, aber auch eitler Mann. In seinen späten Jahren ließ er nicht nur zahlreiche Porträts von sich anfertigen, den Wert seiner Arbeit charakterisierte er einmal mit dem Satz: *Deus creavit, Linnaeus disposuit* – Gott hat die Welt geschaffen, aber Linné hat sie geordnet. Das ist alles andere als bescheiden. Aber tatsächlich schuf Linné ein Klassifizierungssystem, das für seine Zeit revolutionär war und bis heute wenigstens noch teilweise funktioniert. Die Beschreibung von Arten ist seit Linné zweifellos einfacher geworden. Seine Einordnungsversuche spiegeln für die niedrigen taxonomischen Ebenen wie Art und Gattung häufig die später erst beschriebenen Stammesgeschichten der Evolution wider. Doch hat Linné selbst schon geahnt, dass sein System für die höheren Taxa ein künstliches war, dass all die Familien, Ordnungen und Klassen, die er beschrieb, nicht ausreichten, um die Vielfalt des Lebens sinnvoll zu kategorisieren. Das allerdings wurde erst später noch viel deutlicher. Vorerst erlebte die Naturwissenschaft einen enormen Boom, und wir können Linné durchaus als Wegbereiter für weitere Revolutionen in der Biologie sehen, vor allem für jene, die mit dem Namen Charles Darwins verbunden ist.

Latein für Stinkmorcheln

Wie aber sah Linnés System der Namensgebung genau aus? Die Methode trägt bis heute den Namen *binäre Nomenklatur*. Jede Art erhielt eine eindeutige (meist latinisierte) Bezeichnung, die aus einem Gattungsnamen und einem Artbeiwort besteht. Egal, welcher Naturforscher von da an neue Arten beschrieb, seine Bezeichnung wurde dadurch eindeutig und für alle verständlich. Nehmen wir einen sonderbar geformten Pilz als Beispiel etwas genauer unter die Lupe: die Gemeine Stinkmorchel, wie er umgangssprachlich heißt.

Linné ließ sich gerne von Äußerlichkeiten inspirieren. Und so nannte er die Stinkmorchel im Jahr 1753 *Phallus impudicus*, den *Schamlosen Phallus*. Wissenschaftliche Artnamen werden kursiv geschrieben, die Gattung (in diesem Fall *Phallus*) groß, das Artbeiwort oder Artepitheton (*impudicus*) klein. Der Gattungsname ergibt zusammen mit dem Artbeiwort den Artnamen. Unzählige von Linnés Arten haben Wissenschaftler zwischenzeitlich zwar umgetauft, ein Vorgang, den man in der biologischen Systematik *Revision* nennt, doch viele ursprüngliche Namen häufiger und auffälliger Spezies sind erhalten. Und wie oft auch immer man den Gattungsnamen revidiert, das klein geschriebene Artbeiwort bleibt erhalten, und ein großes L. hinter dem wissenschaftlichen Namen verkündet für alle Zeiten, dass es der Vater der Systematik selbst war, der diese Art ursprünglich beschrieben hat.

In welche Schublade gehören die Pilze denn nun?

Mit seiner Systematik konnte Linné den Pilzen nun eindeutige Namen geben. Und weil es in der Naturwahrnehmung seiner Zeit nur die Dualität des Lebens gab – Lebendiges war entweder eine Pflanze oder ein Tier –, bildeten die Pilze in seinem System keine eigene Kategorie.

Tiere definierte Linné dabei wie folgt: *Animalia: corpora organisata, viva et sentientia, sponteque se moventia* (Tiere: organisierte Körper, lebend und empfindend, sich spontan bewegend. *Systema Naturæ*. 10. Auflage, 1758). Pflanzen hingegen wurden im selben Werk so beschrieben: *Vegetabilia: corpora organisata & viva, non sentientia* (Pflanzen: organisierte Körper und lebend, nicht empfindend). Aus heutiger biologischer Sicht sind diese Definitionen vollkommen unzureichend, weil sie z.B. wesentliche Unterschiede wie die Fähigkeit zur Photosynthese ganz außer Acht lassen. Wenn man wie Linné vorgeht, dann sind Pilze Pflanzen, weil sie sich nicht bewegen und scheinbar nichts empfinden, aber dennoch leben. Was sind sie aber, wenn man berücksichtigt, dass Pflanzen Photosynthese betreiben, Pilze das aber nicht tun?

Pilz oder Schwamm?

Und schon zu Linnés Zeiten gab es Widerspruch zu der vom Meister vorgenommenen Festlegung. Eine erste Verwirrung entstand durch die Verwendung unterschiedlicher wissenschaftlicher Namen für die vermeintlich selbe Sache. Die wissenschaftliche Bezeichnung Fungi – lateinisch nennt man den Pilz *fungus* – lässt sich auf das griechische *sphóngos* zurückführen. Unter diesem Namen verstand man ursprünglich auch die Schwämme aus dem Meer. Weil sich Pilze mit Wasser vollsaugen können wie Schwämme, schien die Gleichsetzung irgendwie naheliegend. Doch Schwämme (*Porifera*) sind rein aquatische, überwiegend marine Tiere am Meeresgrund. Mit Pilzen haben sie kaum etwas gemeinsam. Und so gab das Vorkommen des Wortes *Schwamm* in der Pilzkunde über Jahrhunderte Anlass zur Verwirrung. Denn man meinte, innerhalb des Pilzreiches streng zwischen *eigentlichen Pilzen* und den *Schwämmen unter den Pilzen* unterscheiden zu können.

Zur munteren Diskussion über die wahre Natur der Pilze hat auch der deutsche Botaniker Otto Freiherr von Münchhausen (1716 – 1774), der Bruder des bekannten Lügenbarons, beigetragen. Zu jener Zeit versuchte man die Zweigeschlechtlichkeit bei Pilzen nachzuweisen. Münchhausen sammelte Pilzsporen, übergoss sie mit Wasser und beobachtete ein verblüffendes Phänomen, das Gottlieb Wilhelm Bischoff in seinem Lehrbuch der Botanik aus dem Jahr 1839 so schildert:

Als er in Aufgüssen, die er mit lauwarmem Wasser über den Getreidebrand und die Sporen anderer Pilze machte, eine Menge lebender Thierchen entstehen sah und hieraus schloß, daß die Kügelchen des Brandes wie überhaupt die staubartigen Pilzsporen Eier seyen, woraus Würmer entstehen. Linné legte großes Gewicht auf diese Beobachtungen und trat der Ansicht Münchhausens bei, indem auch er die Pilze mit lebendigen Samen (Samenwürmchen) begabt glaubte und auf eine Metamorphose der Thiere in Pflanzen hindeutete ...

Sind Pilze Mischwesen?

Münchhausen nahm also an, Pilze seien eine Art Mischwesen, in einer bestimmten Phase pflanzlich, in einer anderen tierisch. Und er brachte Linné dazu, ebenfalls an Samenwürmchen zu glauben. Diese Samenwürmchen sind aber nichts anderes als die Keimschläuche auskeimender Pilzsporen, die sich anschicken, einen primären Pilzfaden zu bilden, der – und hier denke man auch an die schlechten Mikroskope der damaligen Zeit – entfernt an ein Schwänzchen erinnern könnte.

Doch nicht alle folgten Münchhausens Schlussfolgerungen. Sein Zeitgenosse Friedrich Wilhelm Weis wollte die Pilze ganz aus dem Reich der Lebewesen verbannen und sie zu *künstlichen Wohnungen von Insekten* erklären. Verleitet dazu hatte ihn Professor Büttner aus Göttingen, der behauptete, *unter dem Mikroskope das Auskriechen von Fliegen-Larven aus den Sporen der Pilze* beobachtet zu haben. Wiederum andere verfolgten einen modernen Ansatz und wollten die Pilze nicht als Pflanzen gelten lassen, indem sie *die thierische Natur derselben aus ihrem chemischen Gehalte und aus der nach ihrem Tode schnell eintretenden Fäulniß* abzuleiten versuchten.

Der Apotheker Georg Friedrich Märklin pflichtete der schon von älteren Schriftstellern vertretenen Meinung bei, *daß die Pilze Produkte verwitternder oder gährender Pflanzentheile und bloße Spiele der Natur seyen.* Mit deren Einteilung in Gattungen und Arten gebe man sich vergebliche Mühe.

In diesem geistigen Umfeld – man wunderte sich, dass die Größe der Samenwürmchen (= Spermien) *in gar keinem Verhältniß mit der Grösse der unterschiedenen Thierarten steht,* die daraus entstehen – hatte Linné zwar einigen Pilzen Namen gegeben, doch ein System, in das sie schlüssig hineinpassten, fand er nicht. So sollten die Pilze noch mehr als ein weiteres Jahrhundert lang als fremder Gast ein Dasein bei den Pflanzen fristen.

Elias Magnus Fries und die Systematisierung der Pilze
Doch das Wissen über Pilze wuchs unaufhaltsam. Dazu trug zunächst der schwedische Botaniker Elias Magnus Fries (1794 – 1878) bei, der als Erster ein System zur Klassifikation der Pilze entwickelte und damit Linnés

Werk um einen wesentlichen Punkt bereicherte. Gemeinsam mit seinem etwas älteren Zeitgenossen Christian Hendrik Persoon (1761 – 1836) begründete Fries die moderne Mykologie.

Fries war bereits im Alter von zwölf Jahren ein mykologisches Wunderkind. Nur wenige Jahre später konnte er bereits 300 Spezies von Pilzen unterscheiden, was auch heute noch nur ausgewiesenen Spezialisten unter den Mykologen gelingt. Der durchschnittliche Pilzsammler kennt häufig nur drei bis vielleicht maximal zehn Speisepilzarten wirklich sicher – also so, dass er sich traute, sie zu essen. Und selbst dieses *sicher* ist trügerisch: Auch bei den Steinpilzen und anderen Röhrlingen, Pfifferlingen und Parasolen gibt es zahlreiche Arten, die ein Laie kaum jemals unterscheiden könnte – und nicht alle sind bekömmlich.

Zu den großen wissenschaftlichen Leistungen von Fries zählt die Nutzung des mikroskopischen Aufbaus der Sporen und des Hymeniums für die Systematisierung von Pilzen. Viele seiner Beschreibungen von Gattungen und Arten gelten bis heute. Mit seinem zwischen 1821 und 1832 erschienenen dreibändigen Werk *Systema mycologicum* setzte Fries die von Linné begründete binäre Nomenklatur auch für Pilze definitiv durch.

Von der wahren Natur der Pilze

Trotz all dieser Verdienste konnte auch Fries die wahre Natur der Pilze noch nicht erkennen. Dazu musste erst die Ökologie als eigenständige Wissenschaftsdisziplin neben den akademisch streng getrennten Fächern Botanik und Zoologie etabliert werden. Es war Ernst Haeckel, der diese Disziplin mit folgender Bestimmung ins Spiel brachte: *Unter Oecologie verstehen wir die gesamte Wissenschaft von den Beziehungen des Organismus zur umgebenden Außenwelt, wohin wir im weiteren Sinne alle Existenz-Bedingungen rechnen können. Diese sind teils organischer, teils anorganischer Natur.*

Was heute zum elementarsten Grundverständnis der Ökologie und damit auch der Biologie gehört, nämlich das Wissen um die *Beziehungen des Organismus zur umgebenden Außenwelt*, war damals selbst unter Biologen keineswegs Allgemeinwissen. Auf der Grundlage eines Verständnisses vom Beziehungsgeschehen in der Natur kann eine Unterscheidung vorgenommen werden, die auch die Einordnung von Pilzen einfacher macht, nämlich die Unterscheidung zwischen autotrophen und heterotrophen Organismen.

Unter *Autotrophie* versteht man die Fähigkeit von Lebewesen, ihre Baustoffe und organischen Reservestoffe aus anorganischen Stoffen aufzubauen. *Autotroph* kommt aus dem Altgriechischen und bedeutet wörtlich *sich selbst ernährend* (*autos*: selbst, *trophe*: Ernährung). Vor allem denken wir dabei an Photosynthese betreibende Pflanzen – in der Ökologie sind sie die entscheidenden Primärproduzenten unserer Welt.

Der Gegenpol zu den (photo)autotrophen Lebewesen, sind *heterotrophe* Organismen. Sie besitzen keine Pigmente wie Chlorophyll, können darum keine Energie durch Photosynthese gewinnen und sind somit auf die Aufnahme energiereicher organischer Verbindungen angewiesen. Kurz und knapp heißt das: *Heterotrophe Organismen müssen fressen!* Bei Tieren leuchtet uns das unmittelbar ein. Wir kennen sie als Pflanzenfresser (*Herbivore*), Fleischfresser (*Carnivore*) oder Allesfresser (*Omnivore*). Sie sind wie alle Lebewesen, die nicht mit Hilfe von Licht oder anderen Energiequellen Nahrung synthetisieren können, ökologisch gesehen *Konsumenten*. Dieses Konsumieren kann in verschiedener Weise vor sich gehen. Pilze sind als heterotrophe Lebewesen *Destruenten*. Ohne die *Zersetzer* wäre die Welt meterdick mit Abfällen bedeckt.

Pilze müssen fressen

Nimmt man beide Aspekte zusammen, dann wird deutlich: *Pilze ähneln Tieren in ökologischer Hinsicht mehr als Pflanzen!* Dieses Wissen ist heute für Biologen selbstverständlich. Die breite Mehrheit der Menschen wundert sich hingegen darüber und möchte es kaum glauben. Aber Pilze fressen. Sie holen ihre Nahrung aus bereits abgestorbener organischer Materie (solche Pilze nennt man *saprophytisch*), oder aber von noch lebenden Organismen (dann bezeichnet man sie als *parasitisch*). Und andere Pilze, wir hörten schon davon, verbinden sich zum beiderseitigen Nutzen mit Pflanzen und tauschen in symbiotischer Gemeinschaft Stoffe mit ihnen aus.

Whittaker sei Dank: endlich Klarheit!

So ist schon länger klar, dass Pilze keine Pflanzen und darum nicht der Botanik zuzuordnen sind. Dennoch fanden sich aus historischen und praktischen Gründen in großen Lehrbüchern der Botanik bis in die jüngste Zeit hinein auch die Pilze. Erst der schon erwähnte Robert Harding Whittaker brachte 1969 mit einem neuen System der Klassifizierung sämtlicher Organismen in fünf Reiche einen Durchbruch. Whittaker unterscheidet Tiere (*Animalia*), Pflanzen (*Plantae*), Pilze (*Fungi*), Einzeller (*Protista*) und Mikroorganismen (*Monera*) wie Bakterien und Archaea. Thomas Cavalier-Smith entwickelte diesen Ansatz später weiter. Er unterschied zwei Domänen (*Prokaryota* und *Eukaryota*, also Organismen ohne und mit Zellkern) und sechs bis acht Reiche. 2015 pendelte sich die Zahl der Reiche dann bei sieben ein: **79**

Archaea und *Bacteria* (beide *Prokaryota*) sowie die fünf Eukaryotenreiche *Chromista*, *Protista*, *Fungi*, *Plantae* und *Animalia*. Wie auch immer sich die Ansichten weiter entwickeln: Die Pilze haben mittlerweile einen unbestrittenen Platz als eigenes Reich in der Organismenwelt erhalten.

Die Sache mit dem Schwänzchen

Und dass sie diesen zu Recht haben, macht noch eine andere Geschichte deutlich. Im Verständnisprozess der Stammesgeschichte ist es in den letzten Jahrzehnten um ein *Schwänzchen* gegangen, eine längere *Wimper*. Die Rede ist von den *Opisthokonta*, also von Lebewesen, die zumindest in einem bestimmten Lebensstadium mit einer Geißel an ihrem Hinterteil (*Opisthokonta* bedeutet Hinterpoliger) ausgestattet sind oder es stammesgeschichtlich waren. Diese Geißel muss dabei nicht dauerhaft vorhanden sein. Es genügt, wenn es sie in einem bestimmten Lebensabschnitt des Lebewesens gibt, wenn also z.B. ein Spermium, bevor es mit einer Eizelle verschmilzt und so ein neues Leben beginnt, ein Geißelschwänzchen hat. Stammesgeschichtliche Forschungen zeigen nun, dass Pilze und Tiere gemeinsame Vorfahren gehabt haben müssen.

Der letzte dieser alten Verwandten lebte vor etwa einer Milliarde Jahren. Wie er genau aussah, wissen wir zwar nicht sicher, aber die Vorstellungen der Biologen sind nicht völlig aus der Luft gegriffen, wenn sie annehmen, dass er einzellig war, im Wasser lebte und hinten eine oder vielleicht zwei Geißeln trug, mit denen er sich fortbewegen konnte. Derartige Lebewesen gibt es auch heute noch, wie etwa die Kragengeißeltierchen (*Choanoflagellata*): einzellige, im Meer wie auch im Süßwasser lebende »Tierchen«. Evolutiv handelt es sich um eine Schwestergruppe der vielzelligen Tiere. Und auch die Töpfchenpilze (*Chytridiomycota*) haben Gemeinsamkeiten mit ihnen: weltweit in Böden und im Süßwasser verbreitete Organismen, unter denen wir auch einige parasitische Arten finden. Lange Zeit rätselten die Biologen, ob sie zu den Pilzen zu zählen seien, weil sie begeißelte Stadien haben. Heute nimmt man gerade deswegen als wahrscheinlich an, dass sie Pilze und damit zugleich Verwandte der Tiere sind. Sie haben sich schon früh von den anderen Linien der Pilze abgespalten und ursprüngliche Merkmale wie begeißelte Sporen bewahrt.

Schleimpilze (*Mycetozoa* oder *Eumycetozoa*) hingegen, die wir bereits als phantastische Planer kennen gelernt haben, sind eigentlich keine Pilze. Die einzelligen Lebewesen vereinen in ihrer Lebensweise Eigenschaften von Tieren und Pilzen, gehören aber zu keiner der beiden Gruppen. Man zählt sie zusammen mit bestimmten Amöbenartigen zu den *Amoebozoa*.

Die schlichte Unterscheidung zwischen Pflanzen und Tieren, wie Linné sie vorgenommen hat, hat sich angesichts der modernen, molekularbiologisch begründeten Modelle der Systematisierung des Lebens erledigt. Es ist alles viel spannender – und in Teilen durchaus unübersichtlich, wenn wir zusammenfassen, was wir hier bisher entdeckt haben: Die Evolution hat mit den Pilzen eukaryotische, in Gestalt und Entwicklung außerordentlich mannigfaltige Lebewesen mit einem echten Zellkern und Mitochondrien geschaffen. Pilze sind Organismen, die anders als die Tiere, aber den Pflanzen gleich Zellwände haben. Diese werden aber nicht aus Zellulose, sondern aus Chitin, das bei Pflanzen nicht vorkommt, gebildet. Pilze sind Geschöpfe, die anders als Pflanzen, aber den Tieren gleich fressen müssen, die also heterotroph und chlorophyllfrei sind. Es sind Wesen, die

Tieren gleich Kohlenhydrate in Form des Polysaccharids Glykogen speichern und nicht wie Pflanzen als Stärke. Pilze sind lebenswichtige Partner und oft genug auch tödliche Feinde aller anderen Kreaturen, eine eigenständige Gruppe, bei der wir erst lernen mussten, sie als solche aufzufassen. Und das ist noch nicht alles!

Tortotubus protuberans – Eine bemerkenswerte Fossilie bestätigt die Vorreiterrolle der Pilze

Bereits in den 1980er-Jahren wurden in Schweden und Schottland winzige Fossilien – sie sind dünner als der Durchmesser eines Haares – entdeckt, die Martin Smith von der Durham University kürzlich als Fossilien von Lebewesen identifiziert hat, die als erste aus dem Wasser kamen, um auf dem Land zu leben. Sie enthalten Teile von Myzelien des Pilzes *Tortotubus protuberans* und sind 440 Millionen Jahre alt. *Der Fund füllt damit eine bedeutende Lücke in der Evolution der Pilze und auch in der Evolution des Lebens an Land,* schwärmte der Forscher vor der Presse über dieses älteste bekannte Fossil eines landlebenden Organismus überhaupt. *Auch wenn es bisher keine eindeutigen Belege für Hutpilze aus dem Zeitalter des Paläozoikums gibt, könnte es sein, dass Hutpilze bereits das Land kolonisierten, bevor die ersten Tiere die Ozeane verließen,* überlegte Smith.

Freilich ist die Forschung über so lange zurückliegende Ereignisse alles andere als einfach, und die Ergebnisse sind selten widerspruchsfrei. Denn Pilze sind Zersetzer organischer Materie, Destruenten, wie wir bereits wissen. Was aber haben die Pilze zersetzt, wenn sie die Ersten an Land waren? Man kann nur mutmaßen: Wahrscheinlich prokaryotische Bakterien oder einfachste Algen, die sich in flachen Gewässern, in Pfützen und in der feuchten Erde fanden. Wer also wirklich der Erste war, lässt sich rückblickend nicht so leicht beantworten.

Was hingegen sicher ist: Bevor sich komplexe Pflanzen und Tiere an Land entwickeln konnten, mussten die Bedingungen dafür geschaffen werden. Und diese Aufgabe übernahmen die Pilze. Sie konnten jene Verrottungsprozesse starten, die wortwörtlich den Boden für die nach ihnen Folgenden vorbereitet haben und wichtige Nährstoffe produzierten. Die Pioniere der Armee des Lebens bereiteten den fruchtbaren Boden vor, in dem später Pflanzen wachsen konnten. Und wo es pflanzliches Leben gibt, sind auch Tiere nicht weit.

Kehren wir nach diesem kleinen Abstecher in die Urgeschichte des Lebens nun zurück in die erdgeschichtliche Gegenwart: Werfen wir einen Blick auf zwei der drei Erscheinungsformen der Pilze: die Fruchtkörper, die uns naturgemäß besonders interessieren, und die durch sie produzierten Milliarden von Sporen, die in unserem Leben eine viel größere Rolle spielen, als wir es uns bisher vorstellen konnten.

VERZWEIFELT GESUCHT UND GEFÄHRLICH NAHE
Über leckere Fruchtkörper und tückische Sporen

··

Alle schwemme sind weder kreutter noch wurtzeln,
weder blumen noch samen,
sondern eittel überflüssige feuchtigkeit der Erden,
der beume, der faulen höltzer und anderer faulen dingen.

Lehrmeinung des Altertums über Pilze von
Aristoteles (384 – 322 v.Chr.) bis in die Neuzeit

Sie sind bereits unter uns! Und schlimmer noch, sie sind in uns …

Wir sprechen hier nicht über böse *Außerirdische*, sondern geben eine sachliche mykologische Information über *Unterirdische*. Über Pilzsporen nämlich, die winzigen Dauer- und Verbreitungsstadien von Pilzen. Sie haben nur 2 bis 200 Mikrometer Durchmesser, werden aber von den Fruchtkörpern im sogenannten Hymenium in unvorstellbaren Mengen produziert. Diese Fruchtschicht erkennen wir von außen in der Regel als Lamellen oder Röhren.

Die Dreifaltigkeit der Pilze
Aber halten wir zunächst kurz inne und vergegenwärtigen uns für ein besseres Verständnis dieses Kapitels einen Sachverhalt, den man als »mykologische Dreifaltigkeit« bezeichnen könnte. Pilze sind nämlich wie ein Wesen in drei Gestalten: Die Pilzfäden (Hyphen) bzw. das aus ihnen gestrickte Pilzgeflecht (Myzel) bilden in irgendeinem Substrat den eigentlichen Pilz. Aus diesem Geflecht entstehen gelegentlich Fruchtkörper, die wir

als »Pilze« erkennen. Die Fruchtköper wiederum bilden die Sporen als dritte Erscheinungsform der mykologischen Dreifaltigkeit. Alle drei Gestalten sind Lebensäußerungen einer einzigen Art oder auch eines einzigen Individuums.

Es ist verblüffend, wie lange es gedauert hat, bis man diesen Zusammenhang auch nur im Ansatz zu begreifen begann. Als deutlicher wurde, dass ein Pilz ein Wesen in drei Erscheinungsformen ist, begann man auch den Zusammenhang zu verstehen, den es zwischen diesen Formen gibt.

Von der Fortpflanzung der Pilze

Es war der italienische Naturforscher Pier Antonio Micheli (1679 – 1737), der nicht nur die Sporen entdeckte, sondern auch erkannte, dass sich die Pilze mit ihrer Hilfe fortpflanzen. Micheli wird mit Recht als einer der Väter der wissenschaftlichen Pilzkunde angesehen. Den grundsätzlichen Unterschied zwischen Pilzen und Pflanzen, wie er im vorangegangenen Kapitel beschrieben wurde, konnte er freilich noch nicht erkennen. 1729 veröffentlichte Micheli sein bedeutsames Werk *Nova plantarum genera* (Die neuen Gattungen der Pflanzen), worin zum ersten Mal eine verhältnismäßig große Anzahl von Pilzen gut erkennbar abgebildet ist. Das Werk brachte ihm die Ehrenmitgliedschaft in zahlreichen naturwissenschaftlichen Gesellschaften ein. Totentrompete, Stinkmorchel, Speisemorchel, Kartoffelbovist, Trüffeln, Herbstlorchel, Falscher Zunderschwamm, Herkuleskeule, Flaschenstäubling und viele andere sind in diesem Heiligen Buch der Geschichte der Pilzkunde abgebildet, das ein neues Zeitalter dieser Wissenschaft einleitete. Eine Kostprobe aus Michelis Werk kann demonstrieren, wie Mykologie zu seiner Zeit klang. *Lycoperdon* steht übrigens für Stäubling:

Lycoperdon ist eine Pflanzengattung von runder oder rundlicher Figur, gewöhnlich mit einer dreifachen Rinde versehen, von denen die äußere sich deutlich von der zweiten ablöst. Die dritte Rinde läßt sich von dem Heische oder Marke nicht ohne Zerreißung absondern. Dieses Mark aber ist mehr oder weniger schwammig (spongiosa) und teilt sich in zwei deutlich verschiedene Substanzen; diejenige, welche die unterste Stelle einnimmt, erleidet keine Veränderung und besteht lange Zeit; die andere aber, welche den oberen Teil erfüllt, löst sich bei der Reife äußerst schnell in Fäden, teils in fast unsichtbare Samenkörner auf.

Obwohl Micheli die »Samen« der Pilze, die Pilzsporen also, mit eigenen Augen gesehen hatte und mit ihnen über Jahre hinweg Keimungsversuche machte, traf er nach der Veröffentlichung seines Werkes auf den Widerstand anderer Naturforscher, die die Fortpflanzung der Pilze durch Samen (Sporen) für unmöglich hielten. Erst hundert Jahre später sollte es den meisten Naturwissenschaftlern klar sein, dass Pilzsporen definitiv mit der Fortpflanzung der Pilze zusammenhängen. Dem Berliner Professor Christian Gottfried Ehrenberg kommt dabei das Verdienst zu, mit seinem 1820 erschienenen Werk *De Mycetogenesi* die letzten Zweifel daran ausgeräumt zu haben. Wie aber ist der Zusammenhang zwischen den Fruchtkörpern der Pilze und den Sporen beschaffen?

Fruchtkörper sind da, um Sporen zu bilden

Die Fruchtkörper sind seit Urzeiten der Menschheit Objekte unserer Begierde. *Sporocarpen*, wie sie wissenschaftlich genannt werden, zählen zu den wundersamsten Produkten der Natur, denen wir die fantasievollsten Namen gegeben haben. Es gibt sie als bunte Hüte, als Krusten und Schwämme, Korallen, Keulen und Totenfinger. Die Teufelszähne (*Hydnellum peckii*) leuchten im

Dunkeln und die Puppen-Kernkeulen (*Cordyceps militaris*) wachsen nur auf Puppen von Schmetterlingen. Es gibt wie Anemonen aussehende Pilze wie *Aseroe rubra*, und solche, die wie ein Lebewesen von einem anderen Stern daherkommen, und sogar welche, die roten Tintenfischen gleichen.

All diesen verschiedenen Erscheinungsformen ist eine Mission gemeinsam: Sie sollen die winzigen Sporen, die Reproduktions- und Ausbreitungskörper ihrer Eltern, erfolgreich auf die Reise schicken, mit Hilfe des Windes, was die Regel ist, des Wassers oder anderer Lebewesen. Die Strategien, die Pilze dabei entwickelt haben, übersteigen oftmals unser Vorstellungsvermögen. Lange Zeit hatten Menschen allein deswegen keine Angst vor Sporen, weil sie schlicht keine Ahnung hatten, dass es sie gab und was sie – auch zu unserem Nachteil – zu leisten vermögen. Doch je mehr sie über die Sporen lernten, desto größer wurde ihr Respekt vor ihnen.

Vom Fluch der Pharaonen

Ein erster etwas hysterischer Höhepunkt war in den 1920er-Jahren erreicht. Einige Forscher, die bisher unbekannte Grabkammern ägyptischer Pharaonen entdeckt, geöffnet und betreten hatten, starben kurz danach auf geheimnisvolle Weise. Schnell war vom *Fluch der Pharaonen* die Rede. »Der Tod soll den mit seinen Schwingen erschlagen, der die Ruhe des Pharaos stört«, soll auf einer Tontafel gestanden haben, die in einer der Grabkammern lag. Die Tafel und sämtliche Nachweise über ihre Existenz sind verschwunden, dennoch meinte man, eine durchaus gruselige Erklärung für den Tod der Forscher ausmachen zu können. Sporen können längere Zeiträume in einem todesähnlichen Zustand überleben. Wenn wir sie einatmen, können sie aber in unseren Lungen prompt zu neuem Leben erwachen. Berüchtigt sind in dieser Hinsicht vor allem die Schimmelpilze der Gattung *Aspergillus,* allen voran *Aspergillus flavus.* In den 1980er-Jahren erhielten diese Spekulationen durch die Dokumentationsreihe *Terra X* neuen Aufwind: Der Schimmelpilz sei von den alten Ägyptern absichtlich zum Schutz des Grabes dort platziert worden, und alle Krankheits- und Todesfälle der verschiedenen Epochen im Zusammenhang mit Graböffnungen stünden damit in Zusammenhang. Mykologen wissen bis heute allerdings nicht wirklich viel über die maximal mögliche Überlebensdauer von Sporen. Die Behauptung eines Forschers, er habe 2.500 Jahre alte Pilzsporen zum Leben erweckt, konnte bisher nicht verifiziert werden. Namhafte Schwarzschimmelforscher haben darum ausgeschlossen, dass Sporen so lange in der trockenen Kammer hätten überleben können. Außerdem darf bezweifelt werden, dass sich die mehr als 20 verstorbenen Archäologen und ihre Helfer ausgerechnet in den Kammern hätten infizieren sollen, sind doch die Sporen von hunderten *Aspergillus*-Arten weltweit so gut wie überall zu finden, ohne für gesunde Menschen gefährlich zu sein. So kommen durchaus andere Gründe für den Tod der Forscher in Frage. Vorerkrankungen vielleicht, die durch das anstrengende Leben im Wüstenklima heftiger wurden, bakterielle Krankheitserreger oder einfach das z.T. schon fortgeschrittene Alter der Entdecker. Oder – warum auch nicht – irgendein Pilz.

Unsere tägliche Pilzmahlzeit

Wahr an dieser Geschichte ist allerdings, dass wir, wo immer wir auch sind, eine pilzreiche Luft einatmen. Erst seit wenigen Jahren wissen wir, dass die Anzahl und auch die Artenvielfalt von Pilzsporen in der Luft wesentlich höher sind als ursprünglich angenommen. In jedem Kubikmeter Luft schweben zwischen 1.000 und 10.000 von ihnen. Da wir zwischen 10.000 und 20.000 Liter Luft täglich einatmen, nehmen wir auch ohne eine leckere Schwammerlmahlzeit einiges an Pilzsubstanz ganz verschiedener Arten zu uns. Wissenschaftler haben berechnet, dass mit dem biologischen Feinstaub täglich sieben Nanogramm fremde Pilz-DNA in unseren Körper gelangen.[7]

Ein reifer Fruchtkörper beispielsweise eines Steinpilzes kann 30.000 winziger Sporen freisetzen – pro Sekunde! Das sind mehrere Milliarden am Tag. Nun stelle man sich vor, wie im Zenit der Pilzsaison Wald und Wiesen voller Fruchtkörper sind. Experten schätzen, dass weltweit jährlich um die 50 Millionen Tonnen Sporen auf die Reise geschickt werden! Eine ungeheure Menge, die nicht ohne Folgen ist: Pilzsporen sorgen etwa als Kondensations- und Kristallisationskeime dafür, dass Wassertropfen und Eiskristalle entstehen. Ohne Pilze gäbe es viel weniger Wolken und Regen. Pilzsporen bringen aber auch Krankheiten und Tod über Mensch, Tier und Pflanze. Wer gegen die Sporen von Schimmelpilzen allergisch ist, kann ein Lied davon singen: Herbstliche Gartenarbeit ist fast nicht möglich, denn besonders beim Laubrechen werden Schimmelpilzsporen, die im Herbst vermehrt fliegen, zusätzlich aufgewirbelt. Aber *Alternaria*, *Cladosporium* und *Aspergillus* sind nicht nur auf Blättern und in der Luft, sondern auch im Erdboden oder in verrottendem Holz. In der Wohnung ist es oft keine Spur besser. In Bädern, in Kühlschränken, Teppichen, Polstern und Mülleimern, auf Dachböden und in Kellern – überall lauert der Pilz. Die Wäsche von Allergikern sollte nicht draußen aufgehängt werden, damit sich in ihr keine Pilzsporen sammeln; Komposthaufen sollten weit vom Haus entfernt angelegt und nicht von Allergikern umgesetzt werden und auch das Rasenmähen sollten sie unterlassen. Und wenn sie Zimmerpflanzen haben, die viel Wasser brauchen, dann könnten diese Töpfe zum allerbesten Nährboden für Pilze werden.

Pilzsporen sind eben überall und es ist fast unmöglich, sie tot zu bekommen. Sporen geben uns einen verstörenden Eindruck davon, was der Begriff *Dauerstadium* auch bedeuten kann. Mögen sie in trockenen Pharaonengräbern auch relativ bald biologisch tot sein, in anderen Umgebungen kann das ganz anders aussehen. Einem Team um die Biologin Chandralata Raghukumar vom National Institute of Oceanography in Dona Paula gelang vor gut einem Jahrzehnt Erstaunliches:[8] In knapp sechs Kilometern Meerestiefe hatten Forscher im Indischen Ozean Pilzsporen von *Aspergillus sydowii* gefunden, eingeschlossen in 180.000 bis 430.000 Jahre alten Sedimenten. Da dieser Schimmelpilz an Land lebt, wurden seine Sporen offensichtlich von Winden über das Meer verblasen und sind am Ende zum Meeresgrund abgesunken. Von dort haben die Forscher sie wieder ans Tageslicht geholt und in einer Nährlösung aus Malzextrakt und dem Galactose-Polymer *Agar* zu neuem Leben erweckt.

Pilze bedrohen unser tägliches Brot

Pilzsporen sind also wahre Überlebenskünstler und sie sind Fernreisende. Für viele bilden nicht einmal die Ozeane eine nennenswerte Barriere. Das stellt die Menschheit immer wieder vor neue Herausforderungen. Vor etwa zehn Jahren bedrohte Schwarzer Rost aus der Gruppe der *Puccinales* aus Afrika den Weizenanbau in Pakistan und Indien. Der Getreideschwarzrost (*Puccinia graminis*) könnte zu einer globalen Bedrohung für die Menschen werden, wie auch die Blattdürre oder Fleckenkrankheit auslösende *Septoria tritici* oder *Drechslera tritici-repentis* unser tägliches Brot bedrohen. Nicht von ungefähr erhielt der US-Amerikaner Norman Borlaug im Jahr 1970 den Friedensnobelpreis. Unter seiner Aufsicht waren in den späten 50er-Jahren Weizensorten gezüchtet worden, die gegen Pilze wie die genannten resistent waren. Eine vielversprechende *Grüne Revolution* in der Landwirtschaft war die Folge. Man glaubte, das Problem Schwarzrost sei gelöst. Doch möchten biologische Arten nicht ausgerottet werden. Sie suchen sich ihre Wege des Überlebens. Der Rückschlag erfolgte 1999. Ug99, eine gefährliche Rasse des Getreideschwarzrostes, hatte irgendwann das Rote Meer überquert und war im Jemen aufgetaucht. Es war Norman Borlaug, der dies erkannte und Alarm schlug. Was würde geschehen, wenn es der Pilz mit den Winden beispielsweise bis in das überbevölkerte Indien schafft?

Kugelstoßer, Nonnenfurz und andere Sporenschleudern

Verweilen wir noch ein wenig bei den cleveren Strategien, die Pilze entwickelt haben, um ihre Sporen zu verbreiten. Es gibt wahre Spezialisten mit sehr raffinierten Methoden. Der Kugelschneller (*Sphaerobolus stellatus*) zum Beispiel ist zwar nur wenige Millimeter klein, kann aber seine Sporenpakete bis zu sechs Meter weit schleudern. Wenn reife Fruchtkörper platzen, wölbt sich das Innere der Kugel explosiv nach außen, stülpt sich dabei um und schießt eine senfkorngroße Sporenkugel durch die Luft. Kein Wunder, dass der Pilz im Englischen *Cannonball-Fungus* heißt! Stäublinge (*Lycoperdon*) wie die *Boviste* brauchen einen Berührungsimpuls, der durch

Regentropfen oder auch Tiere ausgelöst werden kann, damit sich ihre bräunliche Sporenwolke in die Luft erheben kann. Der Volksmund nennt sie wenig charmant Nonnenfurz. Das Wort »Bovist« kommt ursprünglich vom frühneuhochdeutschen Wort »vohenfist«, was »Furz der Füchsin« bedeutet. Und auch der Name der Gattung ist der Welt der Flatulenz entnommen: *Lycoperdon* bedeutet »Wolfsfurz«.

Eine ganz andere Strategie der Sporenverbreitung haben die phallusartigen Stinkmorcheln und ihre Verwandten entwickelt. Sie setzen nicht auf die Hilfe des Windes, sondern auf die von Insekten. Damit sind sie im Pilzreich eine Ausnahme. Die Fruchtkörper der Stinkmorcheln sind mit einem nach Verwesung stinkenden Schleim bedeckt, der tierische Bestäuber auf den Plan ruft.

Auch die begehrten Trüffeln, die teuersten Pilze der Welt, setzen auf tierische Gehilfen. Die unterirdisch wachsenden Fruchtkörper duften so verlockend nach Sexualpheromonen, dass Wildschweine und andere Tiere nach ihnen suchen, sie ausgraben und verspeisen. Die Sporen der Trüffeln sind aber unverdaulich. Mit dem Kot der Tiere werden sie ausgeschieden. Ein übel riechender Haufen wird so zum Ursprung für einen Genuss, den wir Menschen besonders seines Aromas wegen schätzen.

Von kleinsten Sporen zu Größenrekordhaltern

Es ist diese Fähigkeit der Pilze, im Verborgenen zu existieren und aus dem Verborgenen plötzlich zu erscheinen, die uns Menschen seit jeher fasziniert. Was klein und heimlich anfängt, kann in der Welt der Pilze jedoch beeindruckende Größen erreichen. Dass das größte Lebewesen der Welt unser Hallimasch aus Oregon ist, haben wir bereits gehört. Aber nicht nur das unsichtbare

Pilzgeflecht im Substrat kann riesig werden, auch unter den Fruchtkörpern, die das Pilzsubstrat hervorbringt, gibt es Giganten. Der Körnchen-Röhrling hat einen zunächst halbkugeligen, später abgeflacht ausgebreiteten Hut. In den meisten Büchern heißt es, dieser habe gewöhnlich einen Durchmesser von bis zu 15 cm. Als Vertreter der Schmierröhrlinge (Gattung *Suillus*) ist er Mykorrhiza-Partner von zweinadligen Kiefern, in Europa weit verbreitet und Sammlern gut vertraut. Christopher Findlay fand in Australien ein etwa 20 Kilogramm schweres Exemplar dieser Gattung. In seinem Buch aus dem Jahr 1982 ist ein etwa zehnjähriges Mädchen zu sehen, wie es den Stiel umarmt, der viel breiter ist als ihre Schultern. Gäbe es das Foto nicht, würde kaum ein Pilzkenner glauben, dass eine uns gut vertraute Art solche Dimensionen überhaupt erreichen kann. Offenbar können sie! Aber wir haben keine Ahnung wann und warum. Die Feststellung: »Alle Bedingungen haben ideal gepasst«, wird zwar zutreffen, sagt aber nicht viel aus. Denn die Bedingungen passen oft, und dennoch wurde ein solches Riesenexemplar wahrscheinlich nie wieder gefunden.

Termitenpilze und andere Riesen

Öfter gefunden wird ein anderer Riese. In der afrikanischen Savanne wächst der vorzüglich schmeckende Termitenpilz *Termitomyces titanicus*. Er zählt wohl zu den allergrößten Hutpilzen mit Lamellen; die Schirme erreichen einen Durchmesser von bis zu einem Meter, und seine Stiele werden bis zu 50 Zentimeter hoch. *Phlebopus marginatus* ist ein Dickröhrlingsartiger, der in Teilen Asiens, aber auch in Australien und auf Neuseeland vorkommt. Er kann bis zu 100 Zentimeter Hutdurchmesser und bis zu 29 Kilogramm Gewicht erreichen. In manchen Regionen Chinas wird er gern gegessen, und man hat bereits versucht, ihn zu züchten. Der bisher größte bekannte Fruchtkörper wurde aber in den Wäldern Südchinas entdeckt. Ein Exemplar von *Phellinus ellipsoideus*, der an der Unterseite eines umgestürzten Baumes wächst, ist fast elf Meter lang, 90 Zentimeter breit und 500 Kilo schwer. 2011 schätzte man sein Alter auf 20 Jahre. Die Spezies wurde 2008 von Bao Kai Cui und Yu Cheng Dai als *Fomitiporia*-Art beschrieben, dann aber in die Gattung *Phellinus* gestellt. Man vermutet, dass er (wie viele andere Baumpilze auch) eine pharmakologische Bedeutung haben könnte. Dieser Fund aus China verdrängte einen Ulmenporling (*Rigidoporus ulmarius*) aus Großbritannien vom ersten Platz. 2003 erschien der 150 Zentimeter große und im Umfang 425 cm messende Fruchtkörper im Royal Botanic Garden in Kew in London. Man schätzte seine Masse auf 284 Kilogramm.

Auch der nordamerikanische Baumpilz *Bridgeoporus nobilissimus,* der auf Tannen wächst und als bedroht gilt, ist nicht gerade ein Winzling: Exemplare von bis zu zwei Metern Durchmesser und 160 Kilogramm Masse schafften es unter die mykologischen Rekordhalter.

Doch muss man nicht unbedingt in ferne Gegenden aufbrechen, um überdimensionale Pilzfruchtkörper zu finden. Schon die nicht seltene und unter Pilzsammlern beliebte Krause Glucke oder Fette Henne kann gelegentlich vier bis fünf Kilogramm schwer werden. Der Pilz wächst parasitisch auf Nadelhölzern.

Auch in historischen Berichten finden wir regelmäßig Hinweise auf riesige Fruchtkörper. 1711 wurden beispielsweise von einem Gerichtsältesten und Förster bei Turoszów in Niederschlesien im südwestlichen Zipfel Polens zwei Ziegenbärte gefunden, von denen der größere fast 20 Kilogramm wog und einen Umfang von 2,55 Meter hatte. Die Schwammerl wurden in einer Schubkarre ins Dorf gefahren und unter den Bewohnern verteilt. Ein aus heutiger Sicht unverantwortlicher Vorgang: Mit dem Sammelbegriff »Ziegenbart« werden verschiedene korallenförmige Pilzarten bezeichnet. Manche davon, wie die Goldgelbe Koralle, sind jung zwar essbar, können aber leicht mit anderen Arten verwechselt werden. Diese heißen dann Bauchweh-Koralle oder auch Bauchweh-Ziegenbart, was alles sagt. Er ist ebenso giftig wie die Dreifarbige oder Schöne Koralle; der Konsum führt schnell zu beträchtlichen, wenn auch nicht lebensbedrohlichen Verdauungsstörungen. Wie es den Dorfbewohnern nach dem Konsum des Ziegenbartes ergangen ist, davon erzählt der Bericht aber nichts.

Beamtenschnitzel
Kulinarisch bedeutsam sind auch die Riesen unter unseren heimischen Pilzen. Die Rede ist vom Riesenbovist, der es in der Sauren-Gurken-Zeit sommerlicher Berichterstattung oft auf die Titelseiten von Regionalzeitungen schafft – häufig mit (möglichst kleinen) Kindern daneben. Der Volksmund des deutschen Kaiserreiches nannte ihn »Beamtenschnitzel«, weil ein einziges Exemplar einer vielköpfigen Familie – und manchmal auch noch den Nachbarn – ein komplettes Mahl liefern konnte. Auf stickstoffreichem Boden zeigen sich die basketballgroßen Kugeln oft über viele Jahre – immer an derselben Stelle.

Die pilzverrückten Tschechen und Slowaken haben wie die meisten Slawen eine besonders enge Beziehung zu Pilzen. So verwundert es nicht, dass der lange Zeit als allergrößtes europäisches Exemplar geltende Bovist in Nordböhmen gefunden wurde: Den Autoren Svrček und Vančury zufolge hatte das 1955 entdeckte Prachtstück

212 Zentimetern Umfang, es wog 20,8 Kilogramm und war 15 Tage alt. Das weiß man so genau, weil es wie ein Schaf »gehütet« wurde, damit das Prachtstück »feindlichen Pilzsammlern« nicht in die Hände fiel. So konnte es sich zur vollen Größe entfalten, bis es schließlich von den Bewohnern zweier Dörfer im Rahmen eines Volksfestes gegrillt, gebraten und feuchtfröhlich verputzt wurde. Von ähnlich großen Exemplaren berichten auch zahlreiche weitere Autoren aus den genannten Ländern. Andere Berichte, wie etwa jener aus Spanien von einem 50-Kilo-Riesenbovist, der auf einem Eselskarren in ein Dorf transportiert wurde, um dort verspeist zu werden, konnte ich hingegen nicht verifizieren. Doch sind Exemplare von über 20 Kilogramm und einem Umfang von 2,5 Metern aus mehreren Regionen gemeldet worden.

Riesenboviste sind schon, wenn sie einzeln auftreten, beeindruckende Erscheinungen. Überwältigend wird es, wenn sie in großen Gruppen auf Wiesen und Weiden wachsen, was gelegentlich vorkommt. Ihre anfänglich weiße und sehr wohlriechende, wohlschmeckende und mit einem Eiweißanteil von 50 Prozent auch sehr nahrhafte Fruchtmasse entwickelt sich in reifem Zustand zu einem gigantischen Sporenschwamm: Sage und schreibe sechs bis sieben Billionen Sporen machen diese Art zum fruchtbarsten aller Fungi. Glücklicherweise wird nicht aus jeder Spore wieder ein Pilz. Wäre es so, würde die Erde innerhalb weniger Jahre unter der Last der Boviste ersticken.

Fruchtkörper interessieren die meisten von uns doch viel mehr als Sporen ...

Der Eierstab möchte Eiern gleichen, das Schweinsohr den Ferkeln, die nach Eicheln wühlen. Der Zitzen-Riesen-schirmling tut so, als wäre er eine Mutterbrust für Neu-

geborene, die Krause Glucke plustert ihr Gefieder auf, die Goldgelbe Koralle imitiert ihre Schwestern in den Tiefen des Meeres. Man begegnet Bärentatzen, dem Kuhmaul, der Ochsenzunge und jener dünkelhaften Dame mit Lippenstift, die sich Bluttäubling nennt – der italienische Politiker und Pilzliebhaber Piero Calmandrei bringt hier poetisch eine Leidenschaft zum Ausdruck, die viele mit ihm teilen: die kulinarische, aber auch ästhetische Lust an den Fruchtköpern der Pilze. Dabei sind es nicht die Riesen, nach denen wir suchen, sondern die Allerweltsgrößen, die der Pilzkenner über das ganze Jahr hinweg zu finden weiß.

Je nach Niederschlagsmengen, Temperaturen und einer Reihe anderer geheimnisvoller Faktoren, die wir leider oder auch zum Glück nicht genau kennen, sprießen sie in Mitteleuropa in einer ersten Welle bereits Mitte Juni aus dem Boden. – Dies ist aber nur die zaghafte Ankündigung kommender Herrlichkeit. Die begehrten Objekte unserer Sammelleidenschaft sind daran angepasst, dass in unseren Breiten trockene und heiße Sommer möglich sind und versuchen erst gar nicht zu wachsen, und in manchen Jahren fällt die Pilzsaison wegen Trockenheit auch ganz aus. Instabile Sommer mit viel Regen dagegen lassen die Fruchtkörper in vielen Regionen schon recht bald aus dem Boden schießen, doch auch nicht überall und nicht immer. Wenn die Pilze uns nur erzählen würden, welche Faktoren außer Regen sie dazu motivieren? Aber wie auch immer das Wetter sich zeigt: Pilzkenner sammeln selbst in den sogenannten schlechten Pilzjahren 20, 40 oder noch mehr Arten von Schwammerln. Es kommt eben darauf an, was man kennt und dann auch finden und vor allem bestimmen kann. Diese Bestimmung von Pilzen ist eine hohe Kunst, bei der es darum geht, vier der fünf Sinne, die bereits

Aristoteles in *De Anima* aufgelistet hat, beisammen zu haben. Um die Fruchtkörper von Pilzen sicher bestimmen zu können, müssen wir sie sehen, riechen, schmecken und teilweise auch erfühlen.

Geschmacksprüfung – nur bedingt zu empfehlen

Das Schmecken sollte dabei nur erfahrenen Sammlern vorbehalten bleiben, denn manche rohen Pilze sind von heftiger Giftigkeit. Der Kenner sondiert darum in bestimmten Fällen mit der Zunge den Geschmack oder zerkaut im Mund ein winziges Stückchen des Fruchtkörpers, das er anschließend wieder ausspuckt. Der Gemeine Gallenröhrling, der roh furchtbar bitter schmeckt, wird auf diese Weise vom Steinpilz unterschieden. Die Hauptdomäne der Bestimmung durch den Geschmack bleiben für erfahrene Sammler jedoch vor allem die Gattungen Täublinge (*Russula*) – sie gehören mit vielleicht 750 Spezies weltweit und 160 in Mitteleuropa zu den artenreichsten überhaupt – und die Milchlinge (*Lactarius*) mit weltweit an die 200, in Mitteleuropa über 130 Spezies. Beide Gattungen sind nahe Verwandte und stammen aus einer Familie, doch haben Täublinge keinen Milchsaft, der für die Gattung *Lactarius* wiederum namensgebend ist. Da die Anzahl der zum Teil recht ähnlichen Arten beider Gattungen so hoch ist, halten sich erfahrene Sammler an die Regel, wonach wohlschmeckende Täublinge essbar sind, scharf schmeckende hingegen nicht. Ähnlich ist es bei den Reizkern, von denen die mit scharf schmeckender Milch innerhalb kürzester Zeit heftige Magen-Darm-Probleme auslösen können. Allerdings können auch Milchlinge mit mild schmeckendem Saft ungenießbar sein. Für den Ungeübten gilt also: Rohe Pilze lieber nicht mit der Zunge prüfen.

Ein Fest für Pilznasen

Ungefährlich hingegen und auch höchst empfehlenswert ist die Prüfung des Geruchs, also das Schnüffeln an den Fruchtkörpern. Das kann helfen, Verwechslungen mit gefährlichen Giftpilzen zu vermeiden. Der Weiße Anis-Champignon (*Agaricus arvensis)* zum Beispiel riecht angenehm nach Anis, sein giftiger, doch ihm sonst sehr ähnlicher Verwandter, der Karbol-Champignon, hingegen unangenehm nach Phenol. Der Gelbe Knollenblätterpilz riecht muffig nach Kartoffelkeimen, der Mehl-Räsling oder Mehlpilz riecht und schmeckt hingegen typisch mehl- oder gurkenartig. Wer einmal den Nelken- oder Feld-Schwindling »in der Nase« hat, wird die Art auch mit verbundenen Augen erkennen. Er ist als Würz- und Suppenpilz beliebt und kann als Moderpilz auf Wiesen, Weiden, Rasenflächen, in Gärten, Parks und lichten, grasbewachsenen Wäldern in Massen auftreten.

Allerdings ist das mit unserem Geruchssinn so eine Sache. Wir haben, verglichen mit anderen Lebewesen, bekanntermaßen nicht den allerbesten. So kann uns unsere Nase auch täuschen, zumal wir individuell unterschiedliche Wahrnehmungen von Gerüchen haben können oder es auch tatsächlich vorhandene Unterschiede im Geruch von Fruchtkörpern gibt, die vom Untergrund, auf dem der Pilz wächst, beeinflusst werden können.

Der beliebte Maipilz oder Mairitterling erscheint bereits ab April und bringt vielen erfahrenen Sammlern die erste ergiebige Pilzmahlzeit der Saison. Sein fast schon aufdringlicher mehlartiger Geruch gilt als charakteristisches Merkmal, doch auch ein möglicher Doppelgänger, der giftige Riesen-Rötling, riecht und schmeckt mehlartig. Kenner erschnüffeln bei ihm aber auch eine unangenehme, säuerlich-rettichartige oder süßliche Beinote. Von einem weiteren möglichen Doppelgänger des Maipilzes, dem Ziegelroten Risspilz, heißt es, er verströme jung einen obstartigen Geruch, im Alter dagegen sei sein Aroma eher dumpfsüß und spermatisch. Was das alles heißt? Nun: Dass man sich auch auf seine Nase besser nicht verlässt, wenn man sich nicht wirklich sehr, sehr gut auskennt. Denn eine Verwechslung des Mairitterlings mit dem Ziegelroten Risspilz kann tödlich enden.

Pilze lieben's bunt

Gibt uns also das Sehen der Farbe eines Pilzes die Mittel an die Hand, die genießbaren von den ungenießbaren zu unterscheiden? Sie ist bei Pilzfruchtkörpern eine recht variable Angelegenheit. Der Standort, die vergesellschafteten Pflanzen, das Wasserangebot, regionale Unterschiede, die Lichtexposition, das Alter und bestimmt noch weitere Faktoren führen zu einem großen Variantenreichtum der Hutfarbe einer Art – ganz abgesehen davon, dass manche Schwammerl auch mehrfarbige Hüte haben. Nur wenige Spezies variieren aber so deutlich wie der beliebte Frauen-Täubling, einer der wohlschmeckendsten Täublinge überhaupt, der zwischen Juni und Anfang November europaweit sowohl in Laub- als auch in Nadelwäldern vorkommt. Seine Farbe ist wahrlich schwer zu beschreiben und verändert sich im Lauf des kurzen Lebens des Fruchtkörpers stark. Von Schiefergrau über Violett und verschiedenen Grüntönen bis Violettpurpurn und verblassend finden wir alles vor. Nicht minder farbfreudig ist der ebenso begehrte Fleischrote Speise-Täubling, den man in fleischfarbenen, rosabräunlichen, olivbraunen, lilafarbenen, rotbraunen oder grünlichen Varianten findet.

Doch trotz aller Buntheit: Die meisten Pilze (35 Prozent) sind braun, mit mindestens 35 verschiedenen Farbtönen, oder gelb (29 Prozent) mit 29 Farbtönen.

Das verwundert nicht. Braun und Gelb sind die Farben des Herbstes und Herbstzeit ist in unseren Breiten die Pilzzeit. Daneben finden wir weiße Arten (9 Prozent) mit neun Farbvarianten, graue (11 Prozent) mit 14 verschiedenen Tönen, rote Pilze (knapp 8 Prozent) mit 16 verschiedenen Farbspielen und auch schwarze Pilze (2,6 Prozent) mit sechs Tönen. In der folgenden Reihenfolge immer kleinere Gruppen bilden die violetten, grünen, orangefarbenen, rosafarbenen und blauen Pilze (Angaben nach Škubla, 1989). Welch entscheidende Bedeutung die Farbe eines Pilzes haben kann, sieht man am Champignon und am Knollenblätterpilz. Hier entscheidet die Farbe der Lamellen über Leben und Tod. Haben beim jungen, noch geschlossenen Champignon (*Agaricus*) die Lamellen einen Hauch von rosa oder braun, so sind reinweiße Lamellen der deutliche Hinweis auf die tödlichen Knollenblätterpilze (*Amanita*).

Leidenschaftliche Pilzfreunde wollen möglichst alle Sorten der kurzlebigen Fruchtkörper ihrer schmackhaften Lieblinge sammeln. Wenn man nur wüsste, wo und wann sie auftauchen!

PILZSPOREN REISEN UM DIE WELT
**Biogeographie oder: Wie der Tintenfischpilz
nach Europa kam**

....

*In der Schweiz haben sich schon über 300 gebietsfremde
Pilze eingenistet.
Am meisten Sorgen bereiten parasitäre Arten,
sie können heimische Pflanzen infizieren
und fügen Nutzpflanzen großen Schaden zu.*

Beatrice Senn, eidgenössische Forschungsanstalt
für Wald, Schnee und Landschaft

Pilze leben bevorzugt in der Geosphäre, doch sind sie
auch in der Hydrosphäre, im Meer- und Süßwasser, weit
verbreitet. Und in der Atmosphäre, wie wir schon gehört
haben. Von der Arktis bis zur Antarktis, von der Tundra
bis in den tropischen Regenwald finden wir sie überall.
Nicht wenige von ihnen sind ubiquitär (»allgegenwärtig«), andere bleiben mehr oder weniger auf bestimmte
Klimazonen oder Lebensräume beschränkt. Denn auch
wenn sich Pilzsporen über die Ozeane hinweg verbreiten
können, wäre es falsch anzunehmen, dass viele Pilze eigentlich so gut wie überall vorkommen müssten. So einfach ist es mit der Biogeographie der Fungi doch nicht.

Wie sehen die Wege ihrer Aus- und Verbreitung genau aus? Um das zu verstehen, müssen wir kurz vorweg-
nehmen, dass moderne molekulargenetische Methoden
in den letzten zwei Jahrzehnten völlig neue Einsichten
in die Verbreitungsmuster der Pilze lieferten. Und weil
diese auch mit dem Klimawandel zusammenhängen,
steht seit einigen Jahren die Mykogeographie, die Erforschung der geographischen Ausbreitung der Pilze,

im Mittelpunkt des Interesses der Forscher. Der Klimawandel hat für die Verbreitung von Pilzen zunächst zwei Folgen: Zum einen können neue Arten in für sie bisher fremde Gebiete einwandern. Zum anderen können sich die Zeiten der Fruktifikation, der Bildung von Fruchtkörpern, ändern. Das heißt einerseits: Zur Freude der Pilzsammler könnte die Pilzsaison künftig früher beginnen und länger dauern, allerdings mit der Gefahr, dass sich unter eingewanderten Arten auch giftige befinden, die man noch nicht kennt. Und andererseits: Zum Schrecken zum Beispiel der Förster könnten Holzparasiten in warmen Wintern aktiver werden und sich zudem neue pflanzenparasitische Spezies ausbreiten, die wir in Mitteleuropa bisher nicht kannten. Ausreichend Gründe also, um dem Thema vermehrt Aufmerksamkeit zu schenken.

Verbreitungsmuster von Pilzen

Während die Verbreitungsgrenzen von Pflanzen und Tieren bereits seit dem 18. Jahrhundert unter die Lupe genommen worden sind, war das Wissen über die Biogeographie der Pilze lange Zeit von ungenauen oder gar nicht zutreffenden Annahmen geprägt. Geisterte anfangs noch die Vorstellung einer Urzeugung der Pilze durch die Köpfe der Forscher, folgte später die schlichte Überlegung, dass Pilze immer dort wachsen würden, wo die Bedingungen für sie günstig seien. Später wurde die Meinung populär, dass Pilze überall dort vorkommen würden, wo es entweder die passenden Partner (bei den Mykorrhiza-Arten), Wirte (bei den Parasiten) oder Substrate (bei den Saprophyten) gäbe. Die Verbreitung der Fungi sei bloß ein Spiegel der Verbreitung ihrer Partner. Außerdem glaubte man bis weit in das 20. Jahrhundert hinein, dass für die Verbreitungsmuster von Tieren und

Pflanzen wesentliche Barrieren wie Ozeane und hohe Gebirgszüge bei den Pilzen eine relativ geringe Rolle spielten. Billionen von Sporen würden über alle Barrieren hinweg für die Ausbreitung sorgen.

Doch überrascht uns die Wissenschaft immer wieder mit neuen Einsichten. Was die Verbreitung der Pilze betrifft, lautet sie: Nicht jeder Pilz kommt einfach überall vor! Tatsächlich beobachten wir die Ausbreitung von Sporen durch Luftströmungen über weite Strecken hinweg. Doch ist dies keinesfalls für die Mehrheit der Pilze charakteristisch. Vielmehr scheinen die großen Verbreitungsbarrieren wie Ozeane und Gebirgszüge auch der Ausbreitung der Pilze Grenzen zu setzen. Manche winzigen Sporen mögen unglaubliche Distanzen überwinden, doch die Mehrheit tut es nicht. Studien zeigten, dass 95 Prozent der Sporen nur über kurze Strecken verdriftet werden und in einem Umkreis von nicht einmal 50 Zentimetern von ihrem Elternpilz entfernt wieder zu Boden fallen. Diese überraschende Erkenntnis kann die begrenzte Verbreitung einzelner »Pilzindividuen«, Klone oder Arten erklären. Doch was bestimmt die Zusammensetzung und Verbreitungsmuster ganzer Pilzgesellschaften?

Ein Mosaik verschiedener Faktoren

Wissenschaftler seufzen bei dieser Frage und unterstreichen, dass sich die Antwort darauf aus einem kaum überschaubaren Mosaik verschiedenster Faktoren zusammensetzt, die man erst allmählich zu verstehen beginnt. Fragen der Bodenbildung und seiner Zusammensetzung spielen dabei eine Rolle, die Bodenchemie, die Stoffkreisläufe von Kohlenstoff, Stickstoff und anderer Stoffe. Daneben spielen historisch-erdgeschichtliche, ökologische und paläoklimatische Entwicklungen sowie menschliche Einflüsse auf das Ökosystem eine Rolle. Letztere sind vielerorts viel älter und weitreichender, als gemeinhin angenommen. Menschen haben unzählige Pflanzen- und Tierarten in alle Gegenden auf unserem Planeten gebracht und auch kräftig zur Verbreitung von Pilzen beigetragen.

Komplexe Wechselwirkungen in dynamischen Systemen

Trotz aller Unübersichtlichkeit und offenen Fragen erkennt man aber einige Geheimnisse der Verbreitungsmuster der Fungi und der dynamischen Trends ihrer Veränderung immer besser: Seit den 1980er-Jahren mehren sich die Hinweise auf einen Rückgang der Fruktifikation, der Bildung von Fruchtkörpern, in den Wäldern Mittel- und Nordeuropas. Die Zusammensetzung der Flechtengemeinschaften dort ändert sich ebenfalls: Einige Arten verschwinden, wie man beispielsweise auf den Britischen Inseln beobachten kann, pathogene und symbiotische Fungi dehnen auf der anderen Seite ihre Verbreitungsgrenzen aus. Zudem verändern sich die zeitlichen Muster bezüglich der Bildung der Fruchtkörper und anderer wiederkehrender Abläufe und Lebensäußerungen einer Art im Jahreszyklus der Pilze. In manchen Regionen zeigen Pilze heute nicht mehr nur eine Fruktifikationssaison, sondern zwei.

Diese Veränderungen zeugen von einem *global change*, von globalen Veränderungen unserer Welt mit weitreichenden Konsequenzen für uns alle. Von »stabilen Ökosystemen« mit einer bestimmten, gleichbleibenden Zusammensetzung von Arten werden wir noch weniger als bisher sprechen können. Neue Gleichgewichte und komplexe Wechselwirkungen müssen sich in den neu eingestellten Artengesellschaften erst einpendeln – und das kann in einem dynamischen System lange dauern. Regional unterschiedlich muss man sich auf Ungleichgewichte einstellen – und stellenweise auch auf völlig neue Verhältnisse. Einige der ursprünglichen Spezies werden den Neuankömmlingen weichen müssen. Doch muss man jetzt nicht gleich an den Weltuntergang denken. Unser Wissen über das Funktionieren von Ökosystemen ist längst nicht vollständig. In der Regel sind es nur einige ausgewählte Arten, die wir besser kennen, und wir sollten unsere Prognosen nicht von diesen wenigen auf all die anderen verallgemeinernd extrapolieren. Dennoch lohnt es sich natürlich, die Arten, deren Verbreitungsformen und Wege wir einigermaßen kennen, etwas genauer in den Blick zu nehmen.

Neue Erkenntnisse aufgrund genetischer Untersuchungen

Eine aktuelle Studie aus dem Jahr 2015 bietet uns ein konkretes Beispiel.[9] Sie untersucht die Gattung der Wulstlinge (*Amanita*), eine der bekanntesten, artenreichsten und bestuntersuchten Pilzgattungen überhaupt. Der Fliegenpilz gehört ebenso dazu wie die giftigsten *Schwammerln* überhaupt, die Knollenblätterpilze, und so begehrte Speisepilze wie die Kaiserlinge. Ungefähr 500 Arten der Gattung sind derzeit wissenschaftlich beschrieben, doch Fachleute schätzen, dass es mindestens noch einmal so viele Spezies gibt. Etwa 100 *Amanita*-Arten sind als giftig bekannt, nur 50 Spezies hingegen können sicher als Speisepilze gelten. Alle anderen Arten – und das können noch an die 850 sein – sind mit einem großen Fragezeichen versehen! Allein in den letzten 20 Jahren wurden weltweit an die 220 neue Vertreter beschrieben – Arten oder Unterarten bzw. Varietäten, die man gern als »kryptische Formen« bezeichnet. Ihnen kommt man eben vor allem durch genetische Bestimmungen auf die

Schliche, da man sie morphologisch kaum unterscheiden kann.

Und diese genetischen Untersuchungen bringen Erstaunliches ans Tageslicht. Der Grüne Knollenblätterpilz wurde beispielsweise im Jahr 1821 von Fries in Europa beschrieben. Seit dem 19. Jahrhundert wurde der Pilz regelmäßig aus Nordamerika gemeldet. Genetische Untersuchungen beweisen, dass diese Verbreitung sicher durch den Menschen erfolgt ist. Auch nach Australien, Neuseeland und Südafrika wurde der giftige Pilz ungewollt eingeschleppt. Wie ist das zu erklären?

Die meisten bisher bekannten Spezies der Gattung gehen eine Ektomykorrhiza (EM) mit Pflanzen ein und sie spielen damit eine entscheidende Rolle in Ökosystemen. In mitteleuropäischen Wäldern ist dies die am häufigsten vorkommende Wurzelsymbiose, wie anfangs schon beschrieben wurde: Die Pilzhyphen dringen anders als bei der Endomykorrhiza nicht in die Zellen der Partnerpflanzen ein, sondern bilden um die jungen, unverkorkten Wurzelenden aus ihren Fäden (Hyphen) eine dichte Ummantelung (Scheide). Zwischen den beiden Partnern kommt es zu regen Interaktionen; die Wurzelenden der Pflanzen schwellen keulig an und bilden keine Wurzelhaare mehr. Ihre Aufgabe übernehmen vielmehr die Hyphengeflechte der Pilze, die tief in die Bodenhorizonte eindringen können, um die Nährstoff- und Wasseraufnahme für sich und den Partner sicherzustellen. Der Nährstoffaustausch wird dadurch intensiviert, dass Pilzhyphen nicht nur in diesem Mantel bleiben, sondern auch in die Extrazellularräume der Wurzelrinde hineinwachsen, um dort das sogenannte Hartigsche Netz zu bilden, ein Netzwerk, das den intensiven Stoffaustausch zwischen Pilz und Pflanze erleichtert. Die Spitzen der feinsten Wurzelspitzen sind außerdem durch den Mantel aus Pilzhyphen gegen andere, unliebsame Eindringlinge wie andere Pilze oder Bakterien geschützt. Diese Form der Mykorrhiza ist typisch für Bäume aus den Familien der Birken-, Buchen-, Kiefern-, Weiden- und Rosengewächse. Pilzpartner sind meist Ständerpilze aus den Ordnungen Boletales und Agaricales, in seltenen Fällen Schlauchpilze wie die Trüffeln, und spezielle Becherlinge wie der Zedern-Sandborstling.

Der Mensch und die Verbreitung von Pilzen

Während nun die meisten Pflanzenpartner an geeigneten Standorten auch ohne Pilze gedeihen können, gibt es einige, die obligat auf Pilze als Partner angewiesen sind. Und hier kommen die Menschen und die globale Mobilität ins Spiel: Mykorrhiza-Pilze werden immer wieder durch ihre Wirtspflanzen an andere Orte in der Welt verfrachtet. *Amanita* wurde zweifellos oft mit den für Menschen wichtigen Wirtspflanzen in andere Regionen der Welt gebracht, ohne dass wir die Details dieser Wanderungen in allen Fällen klären könnten. Auf diese Weise gelangten auch die genannten Knollenblätterpilze um die Welt und wir können bis heute nicht wirklich beantworten, wo die ursprüngliche Heimat der Gattung *Amanita* war. Doch scheint es wahrscheinlich, dass die Gattung schon vor der Isolierung des südlichen Kontinents Gondwana im Erdmittelalter existiert hat.

Die Wulstlinge der Gattung *Amanita* sind beileibe nicht das einzige Beispiel dafür, dass Pilzarten ausgedehnte Wanderungen auf unserem Planeten machen. Die Medien greifen das Thema gerne auf, wenn bei uns plötzlich Exoten auftauchen, die man noch nicht kennt. *Klimaerwärmung lässt fremde Tentakelpilze sprießen*, titelte beispielsweise ein Artikel in der WELT. Doch Medienberichte verallgemeinern gern und sind nicht immer wissenschaftlich präzise: Denn nicht die Klimaerwärmung lässt den aus Australien und Neuseeland stammenden *Clathrus archeri*, wie der Tintenfischpilz wissenschaftlich heißt, bei uns sprießen. Der Mensch hat ihn einfach eingeschleppt. Pilze produzieren eine Unmenge von Sporen und nicht immer lassen sich die Routen ihrer Einwanderung darum genau nachvollziehen. Beim Tintenfischpilz geht man aber davon aus, dass er mit Schafswolle aus Australien nach Europa gelangt ist. 1913 wurde er zum ersten Mal in den Vogesen gefunden. Frankreich hatte damals große Mengen Schafswolle importiert. Danach verbreitete sich der Pilz nach und nach über große Teile des Kontinents. Da er mit der weithin bekannten Stinkmorchel verwandt ist, überrascht es nicht, dass sich auch bei ihm aus einem Hexenei rötliche Tentakel ausstülpen. Ist das geschehen, beginnt es in seiner Umgebung nach Aas zu stinken.

Giftig für den Menschen ist er nicht, doch berichteten einige Hundebesitzer von Vergiftungen ihrer Lieblinge, die Tintenfischpilze gefressen haben. Für die Vierbeiner sieht die rötliche, nach Verwesung riechende Masse vielleicht wie Fleisch aus, das schon etwas länger in der Sonne liegt.

Klimawandel und Pilzwanderung

Die Gruppe der Stinkmorcheln erhält auch durch den Roten Gitterling Verstärkung, der sich aus dem Mittelmeerraum immer weiter nach Norden ausbreitet, was in diesem Fall durchaus eine Folge der Klimaerwärmung ist. Da Pilze in der Regel frostresistent sind, ist für Neuankömmlinge eher die Durchschnittstemperatur einer Region von Bedeutung. Da diese in Mitteleuropa ansteigt, was wir am Rückzug der Gletscher leicht erkennen können, verschieben sich auch die Verbreitungsgrenzen von vielen Pflanzen und Pilzen. Sie finden jetzt auch weiter im Norden und auch in höheren Lagen Lebensräume. Wandern Pilze so in Regionen ein, in denen sie bisher nicht vorkamen, kann das für Menschen schwerwiegende Folgen haben. So hat sich der Parfümierte Trichterling mit seinem relativ hohen Gehalt an Acromelsäure von der afrikanischen Mittelmeerküste immer weiter nach Norden bis nach Europa verbreitet. In Italien und Frankreich kam es bereits ab 1979 zu mehreren Vergiftungen, zumal die Art dem essbaren Fuchsigen Rötelritterling, einem typischen Herbstpilz, ähnlich sieht. Doch erst 1996 nach mehreren Zwischenfällen in Italien wurde der Gehalt an Acromelsäure als Verursacher der Vergiftung erkannt. Nach dem Verzehr von Parfümierten Trichterlingen treten nach einer langen Latenzzeit von einem Tag bis zu einer Woche starke Schmerzen sowie Rötungen und Schwellungen der Haut auf. Sie können über Wochen anhalten. Der Verzehr großer Mengen des Pilzes könnte sogar zu lebensbedrohlichen Vergiftungen führen.

An und für sich kommt auch der wärmeliebende, immer auf Holz wachsende Dunkle Ölbaumtrichterling vor allem im Mittelmeerraum vor. Doch auch das ändert sich in den letzten Jahren. Immer häufiger erscheinen die gelb bis kräftig orangebraun gefärbten Fruchtkörper, die man mit Pfifferlingen verwechseln könnte und die im Dunkeln leuchten, auch nördlich der Alpen, obwohl ihr Lieblingspartnerbaum – die Olive – hier nicht mehr vorkommt. Allerdings findet der parasitische oder saprobiontische Pilz auch bei anderen Laubbäumen wie Edelkastanien oder Eichen ein Zuhause. Der Pilz ist nicht tödlich giftig, aber alles andere als harmlos. Toxikolo gen vermuten, dass er leichte Leberschäden hinterlassen kann. Pilzsammler, die auf Pfifferlinge aus sind, müssen in Zukunft also achtsamer sein.

Pilze als Bedrohung für Weinreben

Doch nicht nur Pilzvergiftungen durch bislang unbekannte Pilze können eine Folge solcher Wanderbewegungen sein. Eindringlinge können in unseren Breiten völlig unerwartete und ungeahnte Probleme verursachen. So dezimiert *Fomitiporia mediterranea*, der Mittelmeer-Feuerschwamm, seit 2002 die Mosel-Reben. Wie der Name verrät, ist der Pilz – wahrscheinlich ebenfalls im Zuge der Klimaveränderung – aus südlichen Gefilden eingewandert. Bereits die Schriftsteller der Antike berichten von der unter anderem durch diesen Pilz verursachten holzzersetzenden Esca-Krankheit, welche die Biologische Bundesanstalt für Land- und Forstwirtschaft (BBA) nun auch in Deutschland beschrieb. Der Name Esca leitet sich vom lateinischen Wort für »Zunder« ab, weil das Holz befallener Reben im späten Krankheitsstadium eine zunderähnliche Konsistenz erhält. Die BBA fand als Verursacher gleich zwei Arten der genannten Gattung, zusätzlich zur genannten auch *Fomitiporia punctata*. Beide sind Erreger der Weißfäule. Bereits junge Reben werden befallen, wobei sich im Rahmen einer Mischinfektion im weiteren Verlauf auch weitere Pilze am zerstörerischen Werk beteiligen. Doch ist seit einiger Zeit bekannt, dass die *Fomitiporia*-Arten offenbar lediglich auf einen Krankheitszug aufspringen, der ursprünglich von dem Pilz *Phaeomoniella chlamydospora* angeführt wird. Und um die Sache noch verwirrender zu machen, taucht auf den von Esca befallenen Reben noch eine dritte Pilzart auf, *Botryosphaeria obtusa*.

111

Doch nicht alle Neuankömmlinge sind Erreger von Pflanzenkrankheiten oder giftig. Der aus submediterranen Laubwäldern (seltener Kiefernwäldern) stammende Fransige Wulstling gilt beispielsweise als guter, angenehm nussartig riechender Speisepilz; er kann kaum mit anderen Arten verwechselt werden und scheint aus irgendeinem Grund so etwas wie ein Kulturfolger zu sein: Er erobert Lebensräume in der Nähe menschlicher Siedlungen wie Parks, Straßenränder, Wiesen und Gärten und kann auch mitten in Städten auftauchen. Bei dieser Pilzart geht es nicht darum, dass sie uns gefährden könnte, ganz im Gegenteil: In Deutschland steht der sich ausbreitende Fransige Wulstling auf der Roten Liste der bedrohten Arten.

Pilze wollen nicht nur um die Welt reisen, sondern noch viel höher hinaus

Wenn wir die Reisefreudigkeit der Pilze besprechen, dann darf nicht unerwähnt bleiben, dass Pilze von Beginn an an der Erforschung des Weltraumes beteiligt waren. Ja, Pilze wollen hoch hinaus und als raumfahrende Fungi begleiteten sie den raumfahrenden *Homo sapiens*. Das hat erstens damit zu tun, dass Pilze relativ einfach strukturierte und dadurch leicht zu untersuchende Modellorganismen sind, die man zur Beantwortung grundlegender biologischer Fragen unproblematisch einsetzen kann. Sie waren also ideale Lebewesen, um an ihnen die Auswirkungen kosmischer Strahlung und der Schwerelosigkeit zu untersuchen.

Doch selbst, wenn man sie nicht hätte dabei haben wollen – die Pilze hätten ihren Platz in der Raumsonde auf jeden Fall gefunden. Die Astronauten selbst gleichen einem biologischen Garten, in dem auch manche Pilze wachsen.

Und so verwundert es nicht, dass die Raumfahrt immer wieder auch mit unerwünschten Pilzen zu kämpfen hatte. Die russische MIR-Station ließ sich nicht bis in die allerletzten Ecken so einfach putzen, zumal Astronauten keine professionellen Putzfrauen sind, und rasch bildeten Bakterien und Pilze Biofilme an verschiedenen Oberflächen: an Kabeln, Geräten, auf Wänden und empfindlichen Materialien. Immer wieder führte dieser biologische Angriff zu Funktionsausfällen von Geräten, weil die Pilze als Destruenten im Raumschiff offenbar biologische Substrate fanden, die sie als Nahrung benutzten. Dabei entstanden Säuren, die zu Korrosion und damit zu Schäden an der Technik führten.

Die Ingenieure mussten sich Strategien überlegen, wie man die Pilze in Schach halten konnte: Anstriche mit pilztötenden Chemikalien, bessere Belüftung und allem voran die Reduktion der Luftfeuchtigkeit waren die Mittel der Wahl. Pilze lieben hohe Luftfeuchtigkeit, und wenn diese unter 70 Prozent gehalten wird, breiten sie sich nicht mehr so stark aus.

Dass man versuchte, die Pilze im Raumschiff in Schach zu halten, diente aber nicht nur dem Schutz des technischen Gerätes. Vor allem die hartnäckigen Schimmelpilze können auch für Bewohner von Raumstationen zu einem Gesundheitsrisiko werden.

Der meist in Kolonien wachsende *Aspergillus fumigatus*, der den uns wohlbekannten wuscheligen Flaum bildet, ist so ein Kandidat. Gießkannenschimmel sind eine weltweit vorkommende und über 350 Arten fassende Gattung von ökologisch und medizinisch äußerst bedeutenden Schimmelpilzen. Einige Arten sind allerdings Krankheitserreger, die Tiere oder Pflanzen befallen können. Oder aber Raumstationen – die ISS ebenso wie die MIR. Ein Forscherteam rund um Benjamin Knox untersuchte die Filter und Oberflächen der ISS auf Mikroorganismen und fand dabei insgesamt 200 Bakterien- und Pilzisolate. Die Studie zeigte, dass der Aufenthalt der Pilze auf der ISS ihnen offenbar nichts ausgemacht hatte, denn sie zeigten sich genauso vital wie ihre Artgenossen auf der Erde, und zum Teil noch virulenter als manch andere Stämme.

Kehren wir nach diesem kleinen Ausflug in das Weltall zurück auf die Erde. Einige der fungalen Neuankömmlinge sind giftig, haben wir gelernt. Und damit sind wir bei einem Gänsehaut-Thema angelangt: der Gefahr, die von giftigen Pilzen ausgeht. Wie groß sie wirklich ist, mit dieser Frage beschäftigen wir uns im nächsten Kapitel.

ESSBARE PILZE SIND AM WENIGSTEN GIFTIG
Die Meister der organischen Chemie kochen auf

....

Das letzte Wort des Besserwissers:
Diese Pilze sind nicht giftig!

Sprichwort

Eine deutsche Urlauberin, die auf einer Südseeinsel durch ein Mimosenfeld wanderte, zeigte eine allergische Reaktion. Auf dem Rückflug kollabierte sie, das Flugzeug musste in Neufundland notlanden, und die Touristin wurde anschließend 16 Tage lang medizinisch behandelt. Dennoch: Wer fürchtet sich schon vor Mimosen? Obwohl unzählige Pflanzen und Tiere sehr giftig sein können, zeigen die meisten Menschen, wenn es um chemische Bedrohungen aus der Natur geht, eine nicht selten irrationale Angst vor Pilzen.

Bereits der berühmte griechische Arzt Pedanios Dioscurides zeichnete im ersten Jahrhundert nach Christus ein schwarz-weißes Bild von Schwämmen, von denen es seiner Meinung nach bloß zwei Kategorien gab: *Die einen sind zum Essen bequem, die anderen aber ein tödlich Gift.* Dioscurides vermutete, dass die Giftigkeit eines Pilzes von seinem Standort abhänge: Pilze, die neben verrostetem Eisen, faulendem Tuch, Schlangenhöhlen oder Bäumen mit giftigen Früchten wüchsen, seien alle miteinander giftig. Wenn das auch Unsinn ist, so erkannte der Arzt immerhin schon damals, dass der übermäßige Genuss von Speisepilzen den Magen belasten kann.

Die Frage, wann welche Pilze giftig sind oder nicht, blieb dagegen noch lange umstritten und unklar. Besitzen auch Sie noch verstaubte Pilzbücher aus Großelterns Zeiten im Bücherregal? Ich habe viele und liebe ihre wunderschönen, kolorierten Illustrationen. Antiquarisch und aus Gründen des Sentiments sind sie wahre Schätze, doch wäre es mehr als unvernünftig, sich auf ihre Expertise zu verlassen. Je weiter zurück das Erscheinungsjahr liegt, desto unhaltbarer sind die Ratschläge, die zur Unterscheidung essbarer von giftigen Pilzen dienen sollen. Bis heute hat zum Beispiel der Trugschluss überlebt, dass Fruchtkörper, die von Tieren angefressen wurden, nicht giftig seien. Ein möglicherweise tödlicher Irrtum! Und auch darauf, dass Löffel aus Zinn oder Silber bei Berührung mit Gift braun anlaufen, Zwiebeln sich schwarz verfärben, wenn man sie mit giftigen Pilzen in Kontakt bringt, Eiweiß bleigrau und Salz gelb wird, verlässt man sich besser nicht.

Die Mykotoxikologie, die Erforschung der Pilzgifte, und die medizinische Mykologie haben in den letzten 20 Jahren gewaltige Fortschritte gemacht. Computergestützte molekularbiologische und biochemische Methoden liefern heute Erkenntnisse, von denen unsere Vorfahren nur träumen konnten. Immer wieder werden selbst bei harmlos geltenden Pilzen gefährliche Substanzen entdeckt, die völlig andere Wirkungsmechanismen zeigen als die Wirkstoffe der altbekannten Giftpilze. Zunehmend wird auch klar, dass Pilze allergische Reaktionen auslösen können. Doch welche Nahrungsmittel können das in Zeiten wie diesen nicht?

Denn nicht immer sind Pilzgifte simple Stoffe. Sie können vielmehr aus einer Mischung unzähliger flüchtiger oder sich in Reaktionen verändernder Substanzen bestehen, die sich rätselhaft benehmen. Das Bundesinstitut für Risikobewertung hat die bisher bekannten Vergiftungen systematisch in bestimmte Kategorien eingeordnet. Damit verfügen wir heute über eine mykotoxikologische Übersicht der derzeit bekannten Pilz- bzw. Vergiftungskategorien. Danach gibt es ungiftige Pilze, auch Speisepilze genannt. Es kommen unechte Pilzvergiftungen vor oder auch Pilzunverträglichkeiten wie das Indigestionssyndrom, die Shiitake-Dermatitis oder das Grünlings-Syndrom (*Tricholoma equestre*). Daneben gibt es Vergiftungen wie das gastrointestinale Syndrom, das man sich durch verschiedenste Arten zuziehen kann. Es äußert sich in Brechdurchfällen und Übelkeit, die tagelang anhalten können, und macht bis zu 40 Prozent aller Pilzvergiftungen aus. Beschrieben werden daneben Syndrome, die durch den Kahlen Krempling (*Paxillus*), durch den Knollenblätterpilz (Phalloides-Syndrom), die Frühjahrslorcheln (Gyromitrin-Syndrom), die Risspilze (Muscarin-Syndrom), den Pantherpilz (Pantherina-Syndrom), durch Fliegenpilze (*Amanita muscaria*-Syndrom) oder auch durch Tintlinge (*Coprinus*-Syndrom) und die Schleierlinge (Orellanus-Syndrom) ausgelöst werden können. Auch das Psilocybin-Syndrom, das durch die *Magic Mushrooms* ausgelöst wird und das sich viele Menschen mehr oder weniger bewusst zufügen, findet in dieser Liste Erwähnung.

Pilzmorde – seltener als gedacht

Pilze können also einiges anrichten und Agatha Christie meinte darum: *Wenn irgendwo Pilze schmoren, wird der Kriminalist unwillkürlich hellhörig.* Allerdings sind tatsächlich nur wenige mit Pilzen ausgeübte Morde bekannt geworden. Ein gewisser Girard, der im Frankreich des beginnenden 20. Jahrhunderts als Heirats- und Versicherungsschwindler unterwegs war, vergiftete reihenweise Frauen mit Pilzen – oder er versuchte es zumindest. Zu jener Zeit galt der Gelbe Knollenblätterpilz als ebenso giftig wie sein todbringender Verwandter, der Grüne Knollenblätterpilz. Allerdings: Das ist nicht richtig. Sein Wirkstoff ist Bufotenin, ein psychedelisch wirkendes Alkaloid. Es ist in der Regel nicht tödlich, und büßt obendrein durch Erhitzen seine Wirkung ein. Girard »arbeitete« auch mit diesem Pilz, weil seine ungenauen mykologischen Kenntnisse ihm die Unterscheidung der beiden Arten nicht möglich machten. Das rettete manchen Frauen das Leben, brachte dem Attentäter aber keinen mildernden Umstände: Er beendete sein Leben auf dem Schafott.

In der Kriminalstatistik Großbritanniens sind für die Jahre 1837 und 1838 rund 545 Giftmorde verzeichnet. Doch nur vier davon wurden durch Pilze verübt. In Frankreich ist zwischen 1851 und 1872 sogar nur ein einziger solcher Fall überliefert. Und auch wenn der amerikanische Privatgelehrte und Mykologe Robert Gordon Wasson (1898 – 1986) nachzuweisen versuchte, dass berühmte Persönlichkeiten wie der römische Kaiser Claudius, Papst Clemens VII., eine russische Zarin und Kaiser Karl VI. möglicherweise durch das Gift des Knollenblätterpilzes starben, das ihnen manchmal in mörderischer Absicht in Form eines Pilzgerichtes gereicht wurde, so gestaltet sich eine retrospektive kriminalistische Beweisführung über viele Jahrhunderte hinweg doch als schwierig. Das Gift der Pilze als Mordwaffe regt die Fantasie an, ohne dass dieses immer einen festen Halt in der Wirklichkeit findet.

Gift – alles eine Frage der Dosis

Was also ist überhaupt ein Gift? Und wann ist etwas ein Gift? Im Englischen bedeutet *gift* Gabe oder Geschenk. Es ist verblüffend, dass die Etymologie des furchteinflößenden Begriffs ausgerechnet auf diese Wortherkunft hindeutet, denn *Gift* steht auch althochdeutsch für Gabe, Geschenk oder Schenkung. So finden wir das Wort noch bei Goethe gebraucht. Diese ursprüngliche Bedeutung ist aus dem Deutschen zwar längst verschwunden, doch blieb das Wort zumindest als Bezeichnung für das Heiratsgut der Braut, die Aussteuer erhalten: die Mitgift.

Mit dem Begriff der Gabe verbindet sich in der Medizin das griechisch-spätlateinische Wort *dosis*. Es bezeichnet die bestimmte Menge einer Gabe. Und an der Menge hängt nun, ob eine Gabe tatsächlich zum Gift wird. Es war der berühmte Arzt, Alchemist und Reformator der Medizin Philippus Theophrastus Paracelsus (1493 – 1541), der in meiner Heimatstadt Salzburg begraben liegt, von dem einer der berühmtesten Sätze der Pharmakologiegeschichte überliefert ist, in dem genau dieser Zusammenhang festgehalten wird: *Alle Dinge sind Gift, und nichts ist ohne Gift; allein die Dosis macht, dass ein Ding kein Gift sei.*

Paracelsus hat damit den Nagel auf den Kopf getroffen, auch, wenn es um die Frage der Giftigkeit von Pilzen geht. Denn Pilze sind nicht entweder giftig oder ungiftig. Sie sind nur mehr oder weniger giftig, je nachdem, welche Dosis an toxischen Substanzen sie enthalten bzw. welche Menge wir von ihnen zu uns nehmen. *Essbare Pilze sind darum jene, die am wenigsten giftig sind.* Tatsächlich können uns nämlich alle möglichen Fungi auf mehreren Wegen vergiften, wenn sie beispielsweise nicht mehr frisch sind, falsch gelagert werden oder wir sie nach zu kurzer Wärmebehandlung konsumieren.

Die Schlüsselerkenntnis lautet also noch ein wenig präziser: *Essbare Pilze sind jene, die nach einer ausreichend langen Garzeit und in angemessenen Mengen keine Beschwerden oder gar Vergiftungssymptome hervorrufen.* **119**

Viele Speisepilze können zum Beispiel in rohem Zustand und manchmal schon in geringsten Mengen durchaus giftig sein, wie etwa der teuflisch klingende Satanspilz (*Rubroboletus satanas*). In rohem Zustand verursacht er heftige Vergiftungen, die sich bereits nach einer kleinen Verkostung innerhalb kurzer Zeit bemerkbar machen.

Von Selbstversuchen wird abgeraten

Manche von mykologischen Amateuren betriebene Internetseiten behaupten zwar, es stehe heute zur Diskussion, ob dieser wunderschöne Röhrling überhaupt giftig sei, doch auf solche Spekulationen sollten Sie sich nicht einlassen. Sinnvoller ist es, in wissenschaftlichen Publikationen oder auf wissenschaftlich seriösen Internetseiten eine Recherche nach dem Toxin von *Rubroboletus satanas* vorzunehmen. Rasch werden Sie dabei auf Bolesatine stoßen, ein toxisches Glycoprotein, das vor einigen Jahrzehnten noch unbekannt war. Sehr wahrscheinlich ist dieser Giftstoff des Satanspilzes thermolabil. Wenn der Pilz über einen Zeitraum von 20 Minuten erhitzt wird, sind seine Giftstoffe zum größten Teil verschwunden. Herausgefunden haben das begeisterte Mykologen aus ganz Europa, die im 20. Jahrhundert gern haarsträubende und nicht zur Nachahmung empfohlene Selbstexperimente durchführten – sozusagen »um den Satan herauszufordern«.

Fassen wir jetzt noch einmal die Definition dessen, was ein Gift ist, zusammen: *Gifte sind in der Natur vorkommende oder künstlich hergestellte Stoffe, die nach Eindringen in den Organismus eines Lebewesens eine schädliche, zerstörende oder tödliche Wirkung haben – wenn sie in einer bestimmten Menge und unter bestimmten Bedingungen einwirken.* Paracelsus wäre mit dieser Definition bestimmt einverstanden!

Bild 1: *Ein voll entfalteter Parasolpilz. Aber Vorsicht: Der ähnlich aussehende, aber viel seltenere Gift-Safranschirmling ist ungenießbar.*

Bild 2: *Der auffällige Violette Lacktrichterling wächst in Laub- und Nadelwäldern. Er ist essbar, manchmal aber stärker mit Cäsium belastet.*

Bild 3: *Der Jungfern-Schirmpilz erinnerte den Beschreiber, Elias Fries, an einen Sonnenschirm junger Mädchen. Er ist kein Speisepilz.*

Bild 4: *Der wahrscheinlich bekannteste Pilz unserer Breiten: der Fliegen-pilz. Noch heute wird er bei Schamanen als Rauschmittel verwendet.*

Bild 5: *Der Violette Rötelritterling gibt Salaten Farbe. Doch roh sollte man ihn nicht essen. Gegart ist er ein ausgezeichneter Speisepilz.*

Bild 6: *Von den Schleierlingen oder Cortinarien sind derzeit 500 Arten in Europa und 2.000 weltweit bekannt. Manche sind tödlich giftig.*

Bild 7: *Nicht zu glauben: Junge Bergporlinge sind essbar. Der Gemeine Bergporling ist die einzige Art der Gattung Bondarzewia in Europa.*

Bild 8: *Die Herkuleskeule ist eine auffällige herbstliche Erscheinung in Laubwäldern. Der atypisch geformte Fruchtkörper schmeckt bitter.*

Bild 9: *Faden-Helmlinge sind Moderpilze. Die Gattung umfasst allein in Europa mehr als 100 Arten und ist schwer zu bestimmen.*

Bild 10: *Essbar, aber nicht besonders lecker: Der Grünspan-Träuschling ist einer der am schönsten gefärbten Pilze Europas.*

Bild 11: *Ein Pilz frisst den anderen: Ein Helmling ist vom parasitischen Gemeinen Helmlingsschimmel befallen.*

Bild 12: *Steinpilz ist nicht einfach Steinpilz: Ein Sommer-Steinpilz oder Eichen-Steinpilz in einem Laubwald im Osten Europas.*

Bild 13: *Hallimasche treten im Herbst in riesigen Mengen auf. Ihren Namen Armillaria haben sie vom Armband, dem wattigen Ring am Stiel.*

Bild 14: *Der Birkenpilz zählt zu Raufußröhrlingen, die eine schuppige Stieloberfläche haben. Sie sind strenge Partnerpilze bestimmter Bäume.*

Bild 15: *Der Dickschalige Kartoffelbovist ist giftig. Vom essbaren Bovist unterscheidet er sich durch seine schwarze Sporenmasse im Innern.*

Bild 16: *Die Rüblinge (Collybia) wurden in mehrere Gattungen aufge-teilt. Dies könnten Knopfstielige Rüblinge sein.*

Bild 17: *Der häufige Flache Lackporling besiedelt als (Schwäche)parasit oder Saprobiont hauptsächlich Laubhölzer, selten auch Nadelhölzer*

Bild 18: *Der von Mai bis September meist in Buchenwäldern wachsende Gelbstielige Nitrathelmling ist am chlorartigen Geruch gut zu erkennen.*

Bild 19: *Auf sein Konto gehen in Europa die meisten tödlichen Vergiftungen: der Grüne Knollenblätterpilz. Einer der gefährlichsten Pilze der Welt!*

Bild 20: *Der Schusterpilz oder Flockenstieliger Hexenröhrling ist ein – allerdings nur gegart – ausgezeichneter Speisepilz.*

Bild 21: *Der Schusterpilz verfärbt sich an Druck- und Schnittstellen wie alle Hexenröhrlinge sofort blau. Roh sind Hexenröhrlinge giftig.*

Bild 22: *Ein Exemplar der Pilzgattung Russula, der Täublinge, mit fast 750 Arten. Im Durchlicht bekommt der Hut etwas Geheimnisvolles.*

Bild 23: *Nicht jeder Röhrling ist essbar: Der stark bittere, leicht giftige Schönfuß-Röhrling findet sich als Partner bei Laub- und Nadelbäumen.*

Bild 24: *Der Netzstielige Hexenröhrling gilt als Speisepilz. Aber es mehren sich die Hinweise auf mögliche Unverträglichkeiten.*

Bild 25: *Die Schleierlingsverwandten zählen zu den artenreichsten Gruppen der Pilze. Sie sind nur schwer zu unterscheiden, manche sind hochgiftig.*

Bild 26: *Der über das ganze Jahr häufige Klebrige Hörnling wächst an totem Nadelholz, häufig an moosbedeckten Stümpfen von Fichten.*

Bild 27: *Die merkwürdig aussehenden Fransen-Erdsterne schleudern Sporen, wenn Regentropfen auf ihre Hülle fallen.*

Bild 28: *Der beliebte Maronen-Röhrling ist ein typischer Spätsommer- und Herbstpilz der Nadelwälder. Leider oft mit Umweltgiften belastet.*

Bild 29: *Herrlich schmeckende grüne Täublinge schmücken den Korb. Unerfahrene Sammler sollten bei grünen Pilzen aber sehr vorsichtig sein ...*

Eine Warnung vor den »Experten« der Moderne

Der slowakische Mykologe Ladislav Hagara, Autor des umfangreichsten Pilzbestimmungswerkes der Welt[10], seufzte einst über die Tatsache, dass *mutige Nichtwisser in der Lage sind, jeden beliebigen Pilz mit jedem anderen beliebigen Pilz zu verwechseln.* Moderne Technik und das Internet machen es möglich, ohne jede Kenntnis, dafür aber mit einer Smartphone-App ausgestattet in den Wald aufzubrechen. Alle möglichen und unmöglichen Schwammerl werden dort abgeerntet. Dann werden von den unbekannten Objekten Smartphone-Fotos gemacht und diese entsprechenden Facebook-Gruppen zur Beurteilung vorgelegt. *Hallo Freunde, kennt jemand vielleicht diesen Pilz?,* fragt der angehende Pilzexperte dann munter und zieht damit nicht selten den Spott schon erfahrener Gruppenmitglieder auf sich. Denn oft genug zeigt das Bild einen leicht zu findenden, weil großen, und ebenso leicht zu bestimmenden Pilz wie zum Beispiel einen Riesenschirmling (*Parasol*).

Mir missfällt diese brachiale Weise, mit Pilzen Bekanntschaft zu machen. Muss man wirklich vieles ausreißen und, wenn es sich als ungenießbar entpuppt, einfach wegwerfen? Gibt es keine Seminare und geführte Pilztouren, in denen man kundig an die Pilze herangeführt wird und zugleich einen respektvollen Umgang mit der Natur erlernt? Und auch das Prahlen mit den Mengen, die man abgeerntet hat (manchmal hört man, dass ganze Kofferräume gefüllt worden seien), finde ich alles andere als sympathisch, abgesehen davon, dass es vielerorts gesetzeswidrig ist, Großmengen zu ernten, weil manche Regionen längst dazu gezwungen sind, Pilze schützen zu müssen.

Wie auch immer: Wer noch keine Erfahrungen mit Pilzen hat, sollte sich auf keinen Fall auf die »Expertise«

jener anonymen Ratgeber aus dem Internet verlassen, die vielleicht nur geringfügig mehr wissen als man selbst.

Die verwirrende Statistik der Pilzvergiftungen

Die Gefahr einer Vergiftung ist nämlich durchaus real, allerdings auch wieder nicht so bedrohlich, wie manchmal behauptet. Faktum ist: Bereits ein einzelner oder einige wenige Fruchtkörper können den Tod bedeuten. Hysterische Angst braucht man dennoch keine zu haben: Sicher ist, dass wesentlich mehr Menschen durch den Biss einer Giftschlange, durch Bandwürmer oder Reitunfälle sterben. 25.000 Menschen werden jedes Jahr weltweit das Opfer von Hunden und fast eine Million Tote gehen in dieser Welt auf das Konto von Mücken. Pilze haben nach Auskunft des Bundesinstituts für Risikobewertung in Deutschland in den letzten Jahrzehnten vermutlich »nur« zwei bis vier Tote auf dem Gewissen, wobei jedoch eine um fünf- bis zehnfach höhere Dunkelziffer für möglich gehalten wird.

Warum ist es so schwer, genauere Angaben zu machen? Nun: In den allermeisten Ländern fehlen zuverlässige historische Statistiken. Im besten Fall gibt es sie nur für bestimmte Zeiten und bestimmte Regionen in einzelnen verstreuten Studien – und dann auch lange nicht vollständig. Dabei präsentieren verschiedene Autoren recht unterschiedliche Zahlen, die sich um 100 Prozent unterscheiden können. Die Mortalität bei Vergiftungen durch Knollenblätterpilze wird so einmal bei 10 bis 15 Prozent veranschlagt, in einer anderen Untersuchung bei etwa 32 Prozent und eine dritte gibt an, dass 63 von 100 Vergifteten sterben.

Die einstige Tschechoslowakei, in der ich geboren wurde, hatte eine breite mykologische Tradition. Nicht wenige tschechische, später auch slowakische Mykologen zählten daher zur Weltspitze[11]. Es überrascht somit nicht, dass es aus diesen Ländern interessante statistische Daten gibt, die aber ebenfalls kein einheitliches Bild zeigen. Jährlich haben sich demnach im Durchschnitt etwa 300 Menschen durch Pilze vergiftet, von denen 20 starben. Doch weichen die Angaben einzelner Publikationen von diesen Angaben ab. Manche Quellen sprechen von bis zu 1.850 Vergiftungen jährlich.

Für die meisten Vergiftungen ist dabei der Pantherpilz verantwortlich, für die, die tödlich ausgingen, wenig überraschend der Grüne Knollenblätterpilz. Allein 1975 starben durch ihn in der Slowakei 25 Personen. Genauere Auswertungen der Fälle zwischen 1974 und 1979 ergaben, dass von 182 durch Pilze verursachte Vergiftungen nur 66 auf tatsächlich toxische Pilze zurückgingen. Der Rest wurde entweder durch unzureichend wärmebehandelte Speisepilze verursacht, die roh giftig sind, oder aber es handelte sich um sogenannte unechte Vergiftungen, die durch alte und verdorbene Fruchtkörper verursacht wurden.

Seit 1919 sammelte der Verband Schweizer Vereine für Pilzkunde Daten über sämtliche bekannt gewordenen Pilzvergiftungen. Der Mykologe Alder aus Sankt Gallen publizierte 1960 unter dem Titel *Die Pilzvergiftungen in der Schweiz während 40 Jahren (1919 – 1960)* eine Auswertung der erhobenen Daten, wobei er auch Frankreich und Deutschland berücksichtigte. Demnach haben sich in der Schweiz zwischen 1919 und 1960 genau 1.980 Personen mit Pilzen vergiftet, 96 von ihnen sind gestorben. Die allermeisten Vergiftungen, nämlich 14,5 Prozent, und die meisten Todesfälle, um die 30 Prozent, ließen sich auf den Grünen Knollenblätterpilz zurückführen, den unerfahrene Pilzsammler in seiner weißen Form leicht mit dem Wiesenchampignon verwechseln können.

Für die einstige DDR fand ich zwei zuverlässige statistische Angaben für das Jahr 1962 (153 Vergiftungen, vierprozentige Mortalität) und 1977 (166 Vergiftungen, 4,8-prozentige Mortalität). Auch hier war der Pantherpilz der häufigste Verursacher von Vergiftungen im Allgemeinen, und auch im einstigen Arbeiter- und Bauernstaat führte bei den tödlichen Vergiftungen der Grüne Knollenblätterpilz. Die Gefährlichkeit des Pantherpilzes liegt in seiner Ähnlichkeit mit dem essbaren und wohlschmeckenden Perlpilz. Doch nicht zufällig trägt dieser das Artbeiwort *rubescens*, denn das Fleisch des Perlpilzes ist rötend, das des Pantherpilzes jedoch nicht, dafür hat er aber einen rettichartigen Geruch. Auch der essbare Raue Wulstling könnte verhältnismäßig leicht mit dem Pantherpilz verwechselt werden, denn auch er riecht nach Rettich und hat nicht rötendes Fleisch. Da es noch eine Reihe von weiteren, zum Teil seltenen Wulstlingen gibt, deren Toxizitätsstatus alles andere als definitiv geklärt ist, kann der Rat an unerfahrene Sammler nur lauten, für den Anfang die Finger von den Wulstlingen zu lassen. Umso mehr, als unter ihnen giftverdächtige Arten wie der Raue Wulstling (*Amarita franchetti*) auftauchen könnten, die sich in Folge der Klimaerwärmung bei uns ausbreiten.

Ist die Frühjahrslorchel essbar?

Regional zuverlässige Informationen über Vergiftungen durch Pilze stehen uns auch aus Polen zur Verfügung, wo das Pilzesammeln äußerst populär und weit verbreitet ist. In der Region Poznan mit damals 2,2 Mio. Einwohnern haben sich zwischen 1953 und 1957 319 Personen vergiftet; die Mortalität lag bei zehn Prozent. Der stets führende Top-Übeltäter stand auch hier an erster Stelle, doch gab es einen zweiten, unerwarteten Verursacher von Vergiftungen: die in Europa und Nordamerika verbreitete Frühjahrs-Giftlorchel, auch Frühjahrslorchel oder einfach nur Giftlorchel genannt. Lange Zeit hielt man den Pilz für essbar, doch kann sein Verzehr tödlich ausgehen, wobei die auftretenden Symptome, das Gyromitra-Syndrom, dem Phalloides-Syndrom, das bei einer Vergiftung durch Knollenblätterpilze auftritt, recht ähnlich sind. Besonders heimtückisch daran ist die lange beschwerdefreie Latenzzeit von sechs bis zwölf Stunden, die zwischen dem Verzehr der Pilze und den ersten Symptomen wie Übelkeit, kolikartigen Leibschmerzen und Durchfällen vergehen können. Oft kommt es dann zunächst zu einer kurzen Phase der Besserung, bis erneute Beschwerden auftreten. Jetzt ist die Vergiftung, jedenfalls wenn sie ihre Ursache im Verzehr von Knollenblätterpilzen hat, so weit fortgeschritten, dass eine oft tödliche Schädigung der Leber bereits eingetreten ist.

Der wissenschaftliche Name der Giftlorchel erfordert eine kurze Erklärung: In der biologischen Taxonomie, der Namensgebung von Arten und ihrer Klassifizierung, finden wir eine Grundregel, die sich im Falle der Giftlorchel als problematisch erweist. Danach bleibt das vom Erstbeschreiber verliehene Artbeiwort erhalten, welche Revisionen der Namensgebung einer Art später auch immer angestellt werden mögen. Das Artbeiwort der Giftlorchel wurde zu einer Zeit vergeben, als die Giftigkeit des Pilzes noch gar nicht bekannt war: Es heißt *esculentus*, was »essbar« bedeutet. Auch wenn viele Pilzsammlerinnen und Pilzsammler des Lateinischen sicher nicht so mächtig sind: ein nicht besonders sinnvoller Name für einen tödlich giftigen Gesellen! Im Englischen nennt man Lorcheln der Gattung *Gyromitra* auch *false morel*, die Falsche Morchel. Lorcheln haben tatsächlich Ähnlichkeit mit den Morcheln der Gattung *Morchella*, die seit alters her begehrte Speisepilze sind. Doch man sollte genau hinschauen: Lorcheln haben immer einen hirnartig gewundenen Hut, Morcheln verfügen hingegen über eine deutlich wabenartige Oberfläche. Die Fruchtkörper der Lorcheln erscheinen außerdem bereits ab März und damit meist einige Wochen vor den Morcheln. Man muss sich also schon ein bisschen auskennen. Und zur Förderung mykologischer Demut gibt es dann noch die schützenswerte Runzelverpel oder Böhmische Verpel. Sie sieht tatsächlich sowohl den Morcheln als auch den Lorcheln ähnlich.

Russisches Roulette …
Frühjahrslorcheln waren auch in der einstigen UdSSR für übermäßig viele Vergiftungen verantwortlich. Nach Angaben aus dem Jahr 1953 gingen bis zu 45 Prozent der Pilzvergiftungen auf ihr Konto! Das mag daran liegen, dass dieser Pilz in seiner toxischen Wirkung ungewöhnlich ist. Da sein giftiger Wirkstoff Gyromitrin thermolabil und flüchtig ist, entweicht er bei längerem Kochen und Trocknen. In Osteuropa hat man das bei der Zubereitung berücksichtigt und das Kochwasser von Lorcheln üblicherweise zweimal weggegossen. Allerdings: Allein durch das Einatmen entweichender Dämpfe konnte sich der vorsichtige Koch vergiften, während Familienmitglieder, die nachher sein Mahl verzehrten, keine Beschwerden hatten. Auch das Trocknen der Pilze glich einer Art »russischem Roulette«. In derselben Familie konnten nach dem Genuss getrockneter Lorcheln die meisten Mitglieder beschwerdefrei bleiben, während andere schwere und sogar tödliche Vergiftungen erlitten. Der Unterschied zwischen tödlicher und nichttödlicher Dosis ist bei diesem Pilz scheinbar extrem gering und möglicherweise auch abhängig von der Konstitution des

Konsumenten. Hinzu kommt, dass eine krebsfördernde Wirkung des Pilzes nicht ausgeschlossen werden kann und er als Verursacher komplexer allergischer Reaktionen in Frage kommt. Im deutschsprachigen Raum gilt die Frühjahrs-Giftlorchel darum mit gutem Grund als tödlich giftig.

... und finnische Überlebensstrategien

Dumm ist dann natürlich, wenn man an ein finnisches Kochbuch gerät, dessen Übersetzer in der Welt der Pilze nicht wirklich zu Hause ist. In der österreichischen Zeitung »Die Presse« fand sich im Jahr 2010 die folgende Geschichte: *Trotz eines gefährlichen Übersetzungsfehlers ist ein Kochbuch in Finnland jahrelang verkauft worden. In »1.000 parasta salaattia« (Die 1.000 besten Salate) von Roderick Dixon findet sich ein Rezept für einen Lorchel-Kartoffelsalat. Die Frühjahrslorchel ist ohne entsprechende Zubereitung stark giftig. Im Buch fehlte der Hinweis auf das zum gefahrlosen Genuss notwendige zweimalige Abkochen und Spülen des Pilzfleisches deshalb, weil es sich im englischsprachigen Original um einen Morchel-Kartoffelsalat gehandelt hatte. Der finnische Verlag zog nun die dritte Auflage des Buches aus dem Verkehr und stellte einen Warnhinweis ins Internet.*

Seltsamerweise ist aber von Vergiftungen durch den Kartoffelsalat nichts bekannt. Das mag daran liegen, dass die Frühjahrslorchel in Finnland trotz ihres Giftes ein beliebter Speisepilz ist, der auch auf Märkten und in gewöhnlichen Lebensmittelgeschäften verkauft werden durfte, wenn die Kunden über die richtige Art der Zubereitung informiert wurden. Die gefährlich lückenhaften Vokabelkenntnisse des Übersetzers wurden so offenbar durch die ausgeprägte Pilzkompetenz der Finnen ausgeglichen.

Erstaunliche statistische Daten über Pilzvergiftungen gibt es auch aus Ungarn aus der Zeit vor 1945. Die Rede ist dort von 500 bis 600 Fällen jährlich, von denen 30 bis 80 Prozent tödlich endeten, was ein enorm hoher Wert ist. Nach dem Kriegsende reduzierte sich die Zahl wieder auf 100 bis 200 Vergiftungen jährlich, und auch die Mortalität pendelte sich bei etwa zehn Prozent ein, was dem Durchschnittswert in den meisten Ländern entspricht. Für die hohen Werte bis 1945 sind vielleicht die Zeitumstände in Kombination mit einem besonderen Pilz verantwortlich. In Ost- und Südosteuropa ist der Gemeine oder Honiggelbe Hallimasch als Speisepilz sehr beliebt. Tatsächlich handelt es sich bei den Hallimaschen aber um einen Artenkomplex schwer unterscheidbarer Kleinspezies. Etwa 30 Arten der Gattung sind weltweit bekannt, sieben oder mehr kommen in Europa vor, doch ist die Taxonomie eben unklar. Wenn dieser Pilz einmal wächst, dann wirklich massenhaft. Roh sind Hallimasche auf jeden Fall giftig und rufen ein heftiges gastrointestinales Pilzsyndrom hervor. Und selbst wenn der Pilz gut abgekocht wird, reagieren manche empfindlichere Personen mit starken Magen-Darm-Beschwerden. Vielleicht kamen so vor 1945 in Ungarn einfach einige Faktoren zusammen, die diese dramatischen Zahlen zu Folge hatten: Ein möglicherweise massenhaft auftretender, aber nicht ungefährlicher Pilz, der in Zeiten mit schwieriger Ernährungssituation von vielen auch kaum Pilzkundigen gesammelt und gegessen wird? In der Folge kommt es zu vielen Vergiftungen, welche die konstitutionell ohnehin geschwächten Menschen dann nicht überleben.

Knollenblätterpilze, Satanspilze und andere Übeltäter
In Deutschland wurden im Jahr 2010 dem Bundesinstitut für Risikobewertung zwölf schwere Knollenblätter-

pilzvergiftungen gemeldet. Genauere Angaben gibt es für das Jahr 2006, ausgewertet aus insgesamt 1.704 an die Giftinformationszentren in Mainz, Bonn, Göttingen, Erfurt und München gemeldeten Fällen. Die zehn wichtigsten Verursacher von Pilzvergiftungen waren Knollenblätterpilze (*Amanita*, drei Todesfälle), *Magic Mushrooms* (*Psilocybe*), Karbolegerlinge (zählt zu den am häufigsten gegessenen schwachen Giftpilzen), Hallimasch (*Armillaria*), Pantherpilze (der auch zu Todesfällen führte), Fliegenpilze, Gallenröhrlinge (was überrascht, weil er so bitter schmeckt, dass man ihn kaum essen kann), Düngerlinge (*Panaeolus*), Kahle Kremplinge (der ebenfalls zu Todesfällen führte) und schließlich Satanspilze.

Knollenblätterpilze sind zwar nicht in jeder Hinsicht die giftigsten Pilze der Welt, auch wenn das oft behauptet wird, dennoch geht der größte Teil der Pilzvergiftungen in unseren Breiten auf ihr Konto. Sind aber Menschen, die sich mit Knollenblätterpilzen vergiftet haben, zu retten? Wir wollen dieser Frage jetzt etwas genauer nachgehen.

Verrückte Selbstexperimente – nicht zur Nachahmung empfohlen

Seit langer Zeit haben Naturforscher und Ärzte versucht, Mittel gegen die Gifte der Knollenblätterpilze zu finden. Bei diesen Giften handelt es sich vor allem um das Phalloidin als Hauptvertreter der Phallotoxine, das mit 20 bis 60 Milligramm in 100 Gramm Frischpilz vorkommt, und die lebertoxischen Amanitine (Amatoxine). 0,1 Milligramm pro Kilogramm Körpergewicht dieses Giftes gelten bei Erwachsenen als tödlich und diese kleine Giftmenge kann sich bereits in 10 bis 50 Gramm frischer Pilze finden. Der Schweizer Botaniker und Universitätsprofessor Gaspard Bauhin (1560 – 1624) veröffentlichte die erste wissenschaftliche Beschreibung der Vergiftung durch Knollenblätterpilze. Bereits gegen Ende des 18. Jahrhunderts versuchte man, das Gift zu extrahieren, doch dauerte es noch bis ins 20. Jahrhundert, bis man die Gifte in kristalliner Form isolieren konnte.

Der Eifer mancher Forscher ging bei diesen Bemühungen oft recht weit. So führte ein gewisser Gérard im Frankreich des Jahres 1851 vor Mitgliedern der Mykologischen Gesellschaft ein wenig bekanntes Selbstexperiment an sich und seiner Familie durch, indem sie ein Gericht aus Grünen Knollenblätterpilzen verzehrten. Vorher legte er die aufgeschnittenen Pilze für zwei Stunden in Essig ein, wusch sie in Wasser und kochte sie anschließend eine halbe Stunde lang. Dr. Cadet, ein Mitglied der Gesellschaft, bestätigte anschließend, dass sich die Familie nicht vergiftet habe, doch machte man dieses Ergebnis lieber nicht publik. Man fürchtete, dass dann auch die Bevölkerung anfangen könnte, die Giftpilze zu konsumieren.

Gérards Selbstversuch wurde 1974 durch den französischen Arzt Pierre Adrien Bastien (1924 – 2006) in beeindruckender Weise in den Schatten gestellt. Unter Aufsicht eines Notars verzehrte er mehr als 50 Gramm Grüne Knollenblätterpilze und nahm auf diese Weise eine tödliche Dosis Gift zu sich. Im Krankenhaus von Nancy wurde er dann gerettet, indem zum Teil von ihm selbst zusammengestellte Arzneirezepturen zur Anwendung kamen. Das Echo der Kollegen und der Medien auf das halsbrecherische Unternehmen war gemischt. Das veranlasste Bastien 1976 zur Wiederholung des Experiments und zur Veröffentlichung seiner Behandlungsvorschläge bei einer Vergiftung mit Knollenblätterpilzen. Er schwor unter anderem auf Gaben hoher Mengen an Vitamin C. Doch ebenso groß wie sein Forscherdrang war auch sein Ego. Auch diesmal erhielt er nicht jene Resonanz der Fachkreise, die er sich gewünscht hatte. Also lud er 1981 das Fernsehen und andere Medien nach Genf in die Schweiz ein, wo er vor den Kameras 70 Gramm 15 Minuten lang in Butter geschmorter Knollenblätterpilze verzehrte. Acht Stunden später stellten sich die ersten Vergiftungssymptome ein. Der eigenwillige Arzt überlebte auch dieses Experiment und erreichte damit wahrscheinlich einen weltweit einzigartigen Rekord: Er ist der einzige Mensch, der dreimal eine Vergiftung durch Knollenblätterpilze überlebt hat. Diesmal war aber das mediale Echo nach seinem Geschmack: Es wurde weltweit über seine nicht zur Nachahmung empfohlene Tat berichtet.

Knollenblätterpilztherapie

Wie kommt es aber, dass manche Menschen eine Vergiftung durch Knollenblätterpilze überleben und manche Tiere diese sogar ohne irgendwelche Probleme verdauen können? Die Fähigkeit, die Gifte des Knollenblätterpilzes zu verdauen, hängt vom Vorhandensein bestimmter Enzyme ab, die in der Lage sind, die Gifte um- und abzubauen. Menschen, Menschenaffen und Meerschweinchen haben – wie auch Geflügel – diese Enzyme nicht in ausreichender Menge und sind darum gefährdet. Etwa zehnmal mehr Gift vertragen Mäuse und Ratten. Außergewöhnlich gute Knollenblätterpilzverwerter sind aber Kaninchen, die relativ viele Knollenblätterpilze verzehren können, ohne dass sie sich sichtbar vergiften würden. Seit den 1950er-Jahren wurde diese Erkenntnis in der Therapie eingesetzt. Vergifteten Patienten wurde eine Masse aus rohen Kaninchengehirnen und -mägen eingeflößt, und es wundert, dass die geschwächten Patienten diese Medizin überhaupt im Magen behalten konnten. **131**

Heute sieht die Therapie glücklicherweise etwas anders aus: Eine Pilzvergiftung mit Knollenblätterpilzen ist ein absoluter Notfall, der sofortiger intensivmedizinischer Behandlung bedarf. Dabei werden folgende Maßnahmen empfohlen: primäre Giftelimination durch Magenentleerung, Gabe von medizinischer Kohle, Laxantien und Silibinin, das das Eindringen von Amanitin in die Leberzellen hemmt. Dazu eine Substitutionstherapie mit Antithrombin III und Fresh Frozen Plasm sowie die Durchführung einer Hämodialyse zur Minderung der Niereninsuffizienz und Hämoperfusion. Kommt es dennoch zu einem totalen Leberversagen, bleibt nur noch die Lebertransplantation.

Die heimtückischen *little brown mushrooms*

Die Gefährlichkeit der Knollenblätterpilze ist auch unter weniger geschulten Pilzfreunden durchaus bekannt. Anders verhält es sich mit heimlicheren und unauffälligeren Gesellen wie es zum Beispiel die Risspilze sind. Von Risspilzen der Gattung *Inocybe*, Ektomykorrhiza-Symbiosepartnern von Bäumen und anderen Pflanzen, wissen erfahrene Pilzsammler, dass speziell der Ziegelrote oder Mai-Risspilz wegen seines hohen Muscaringehaltes zu den gefährlichsten Giftpilzen unserer Natur gehört. Er verfügt über 0,037 Prozent Muscarin in der Frischmasse und ist damit 200 Mal giftiger als der berühmt-berüchtigte Fliegenpilz. Wie beim Knollenblätterpilz können schon ungefähr 50 Gramm Risspilze tödlich sein. Allerdings tritt das Muscarin-Syndrom, also die Symptome einer Muscarin-Vergiftung, nicht erst nach einer längeren Latenzzeit auf, sondern bereits während oder spätestens zwei Stunden nach der Pilzmahlzeit. Nun ist der Risspilz, das gehört zu den ersten Lektionen des Pilzesammelns, leicht zu verwechseln mit dem begehrten

Maipilz oder Mairitterling. Beide Arten können schon recht früh im Jahr Mitte Mai auftreten. Das sicherste Unterscheidungsmerkmal beider Arten ist der deutlich mehlige Geruch des essbaren Maipilzes, wenn man denn um dieses Merkmal weiß und eine gute Nase hat. 1963 pflückte in der ehemaligen DDR ein 80-jähriger Gärtner kiloweise Rißpilze, die er fälschlicherweise für Maipilze hielt, und verkaufte diese dem örtlichen Wirtshaus. Nach zweitägiger Lagerung wurden die Pilze an 33 Personen weiterverkauft. Sie blieben alle am Leben, hatten nach der Pilzmahlzeit aber einiges durchzustehen. Auch die Folgen für den Gärtner waren milde: Das Gericht hielt ihn für senil und darum für schuldlos. Die Wirtin allerdings musste sich vor Gericht verantworten.

Mit Rißpilzen ist also nicht zu spaßen. Die Gattung umfasst mehrere hundert Arten, die unterschiedlichst gefärbt sein können. Ein hoher Anteil der Arten enthält Muscarin in unterschiedlich hohen Konzentrationen und ist somit giftig. Niemand sollte es sich darum zutrauen, diese nur scheinbar unscheinbaren *little brown mushrooms* (LBMs), wie sie scherzhaft wegen ihrer schweren Bestimmbarkeit verallgemeinernd genannt werden, bestimmen zu können und zu essen, selbst dann nicht, wenn er meint, mit Hilfe eines Mikroskops eine Unterscheidung der Sporen vornehmen zu können.

Schlimmer als der Grüne Tod: Aflatoxine und Mutterkornalkaloide

Ich habe schon mehrfach angedeutet, dass Grüne Knollenblätterpilze nicht die giftigsten oder gefährlichsten Pilze der Welt sind, wenn wir die Pilze generell in allen ihren Erscheinungsformen in Betracht ziehen. So sind manche Häublinge (*Galerina*), eine mehr als 300 Arten

zählende, weltweit verbreitete Gattung, dem Knollenblätterpilz mindestens ebenbürtig. *Galerina sulciceps* aus
Indonesien gilt als noch giftiger als der Grüne Knollenblätterpilz und für den giftigsten Pilz Nordamerikas
hält man *Amanita bisporigera*. Doch um diese und all die
anderen gefährlichen Gesellen soll es jetzt nicht gehen,
sondern um das Aflatoxin. Aflatoxine sind eine Gruppe
von bisher etwa 25 bekannten Stoffen, die für den Tod
von Tausenden von Menschen und Tieren verantwortlich sind. Das Aflatoxin B1 gilt als hochgefährlich und
stark krebserregend. Die Killerstoffe werden von den
weltweit vorkommenden Schimmelpilzen *Aspergillus
flavus* und *Aspergillus parasiticus* gebildet, allerdings
nicht von allen Stämmen. Besonders gut funktioniert
die Toxinbildung bei höheren Temperaturen von 25 bis
40 °C. Darum lauert die Gefahr einer Vergiftung durch
Aflatoxine vor allem in subtropischen und tropischen
Gebieten, wenn der Schimmel dort landwirtschaftliche
Produkte befällt.

Aflatoxine sind sogenannte Sekundärmetabolite.
Solche sekundären Stoffwechselprodukte, die von Pflanzen, Bakterien und Pilzen gebildet werden, sind insofern
geheimnisvoll, als dass sie für Wachstum und Überleben ihres Produzenten nicht notwendig zu sein scheinen. Welchen Nutzen sie für die Pflanzen haben, ist in
vielen Fällen unbekannt. Man kann nur vermuten, dass
sie zur chemischen Verteidigung gegen konkurrierende
Organismen dienen, beispielsweise weil sie antibiotisch
wirken, bei der Steuerung biologischer Funktionen mit-
wirken oder Signalstoffe sind.

Durch Aflatoxine besonders gefährdet sind kom-
merzielle Futtermittelzubereitungen, die Erdnussmehl
enthalten. 2013 wurde ein Futtermittelskandal bekannt,
bei dem sich Aflatoxin in hohen Dosen in gehandelten

Produkten fand. Doch auch andere Pflanzen wie Mais, Reis, gemahlene Mandeln, Pistazien und Getreideprodukte können unter ungünstigen Lagerungsbedingungen in wärmeren Regionen von dem tödlichen Schimmel befallen werden. Die letale Dosis liegt bei Erwachsenen bei 1 bis 10 Milligramm pro Kilogramm Körpergewicht.

Mindestens ebenso heimtückisch wie Aflatoxine sind die Alkaloide des Mutterkorn-Pilzes (*Claviceps purpurea*), der Roggen und andere Süßgräser befällt. Selbst in Deutschland konnte es noch 1985 zu einer Vergiftung durch mutterkornhaltiges Müsli kommen, und auch danach haben die Untersuchungsämter der Bundesländer bei Stichproben gelegentlich gesundheitsschädliche Alkaloidgehalte in Getreideprodukten festgestellt.

Mutterkornpilze und das Antoniusfeuer

Der Purpurbraune Mutterkornpilz zählt zu den Schlauchpilzen (*Ascomycota*). Der Befall wird durch die Bildung von purpurfarbenen bis schwarzen *Mutterkörnern* sichtbar, die der Mykologe *Sklerotien* nennt. Hierbei handelt es sich um eine verhärtete Dauerform von Pilzen, die aus einer dicht verflochtenen und festen Myzelmasse besteht und Kälte und Trockenheit widerstehen kann. Längere Zeit kann der Pilz in dieser Form überleben, um bei günstigen Bedingungen wieder zum Leben zu erwachen. Da die Alkaloide des Mutterkorns Wehen auslösen, wurden sie früher von Hebammen eingesetzt – und daher stammt der ungewöhnliche Name.

Niemand kann sagen, wie viele Menschen in der Geschichte genau an diesem Pilz gestorben sind, aber ihre Zahl dürfte die der Menschen, die eine letale Knollenblätterpilzvergiftung erlitten, um ein Zehntausendfaches übersteigen. Zu katastrophalen Situationen kam es immer dort, wo statt Weizen Roggen angebaut wurde. Verschiedene Quellen geben an, dass im Jahr 943 europaweit, vor allem aber in Frankreich und Spanien, bis zu 40.000 Menschen einer Mutterkornepidemie zum Opfer gefallen sein sollen, nachdem es bereits im Jahr 857 eine Epidemie in deutschen Ländern gegeben hatte. Das Unheil bekam den Namen *ignis sacer*, heiliges Feuer, oder auch Antoniusfeuer. Im Mittelalter hielt man die Symptome für eine ansteckende Krankheit und die Gefahr war allgegenwärtig. Im Europa des 15. Jahrhunderts versuchten an die 370 Spitäler den Tausenden an Antoniusfeuer Erkrankten zu helfen, freilich ohne die Mittel dafür gehabt zu haben. Speziell der Orden der Antoniter hatte es sich zur Aufgabe gemacht, die Todgeweihten zu pflegen. In manchen Gegenden der Mittelmeerregion spiegeln sich die Schrecken der damaligen Epidemien bis heute im Volksbrauchtum wider. Alljährlich wird auf Sardinien das Fest »Focolare di Sant' Antonio« (Antoniusfeuer) begangen, bei dem man Krankheiten und anderes Übel mit Hilfe religiöser Riten abzuwehren versucht.

Das Ausmaß des menschlichen Leids, das durch den Mutterkornpilz verursacht wurde, ist für uns heute kaum noch vorstellbar. Das giftige Alkaloid dieses Pilzes, das Ergotamin, führt zu einer dramatischen Verengung der Blutgefäße. Das hat nicht nur Folgen für die Durchblutung der inneren Organe. Die mangelnde Blutversorgung des Gehirns führt zu Wahnvorstellungen. Die Extremitäten erkalten, sterben ab und verfaulen am Körper. Beat Rüttimann schreibt: *Wie Flammen schlagen die Schmerzen beim heissen Brand oder Höllenfeuer aus Fuss oder Hand, die schliesslich in Gangrän übergehen, vom Chirurgen abgelöst werden oder einfach abfallen: Die heisse Phase des unvorstellbar schmerzhaften Leidens hat das Fleisch zernagt und gefressen; in der kalten Phase stirbt auch der Knochen ab.*

Der Tod im Brot

Zwar vermuteten schon die Gelehrten der Antike, dass es zwischen dem von Schimmel befallenen Getreide und dieser epidemisch auftretenden Krankheit einen Zusammenhang gab, doch kaum waren die Epidemien vorbei, schienen die Menschen diese Erkenntnis wieder zu vergessen. Es dauerte bis ins 18. Jahrhundert, bis die Staaten nach verheerenden Epidemien in ganz Europa dem Schrecken durch Gesetze zur Reinhaltung des Getreides Einhalt geboten. Um 1850 gab es die ersten wissenschaftlichen Studien, die zur Aufdeckung des Entwicklungszyklus des Mutterkornpilzes beitrugen. Dennoch traten selbst noch im 20. Jahrhundert Katastrophen wie jene 1926 und 1927 in der Sowjetunion auf, als nach offiziellen Angaben 11.000 Menschen durch mutterkornhaltiges Brot starben.

Wir haben in diesem Abschnitt unserer Wanderung viel von gefährlichen Pilzen und den Folgen ihrer Gifte gehört. Im nächsten Kapitel werde ich mich den alten Bekannten der mykologischen Traditionen zuwenden, die lange Zeit als gute Freunde der Pilzsammler galten. Doch wird sich zeigen: Man sollte nicht allen Freunden immer trauen.

ALTE BEKANNTE UND ZWEIFELHAFTE FREUNDE
Enttäuschende Beziehungen

....

... ein Giftpilz oder nicht? Spannende Frage ...
Wir werden sehen, dass es noch eine ganze Menge von
Grenzfällen zwischen essbar und giftig gibt.
So sind z. B. manche Magen-Darm-Giftpilze für einzelne
Personen verträglich, ich spreche von Rossnaturen mit
Saumagen, sicher ein wenig flapsig ...

Lothar Krieglsteiner, pilzkunde.de

Wie wir in einem der früheren Kapitel schon gesehen haben, ist unsere Beziehung zu Pilzen sehr alt. Und wie das so ist mit in die Jahre gekommenen Beziehungen: Hätten wir früher die Hand dafür ins Feuer gelegt, dass nichts der Vertrautheit und Zuneigung etwas anhaben kann, so steht man doch mit einem Mal ratlos und erschrocken vor der Tatsache, dass alles sich geändert hat. Aus dem nahen Menschen wurde ein fremdes Gegenüber, das Seiten erkennen lässt, die man so niemals vermutet hätte.

Was für unsere menschlichen Beziehungen gilt, ist für unsere Pilzbekanntschaften nicht minder wahr. Auch in unserem mykologischen Bekanntenkreis entpuppten sich in den letzten Jahren einige alte Freunde als pathogene Gesellen und Fieslinge.

Schuld an diesen emotional-mykologischen Beziehungsdramen sind die Fortschritte der Wissenschaft. Immer besser begreifen Mykologen die Zusammenhänge in der Welt der Pilzgeflechte und Fruchtkörper. Immer

Neues wird sichtbar aus der geheimnisvollen Welt im

Untergrund. Und klar wird: Manches, das uns entgegentritt, ist so ganz anders als bisher gedacht. Da tut der Pilzfreund gut daran, alte Gewissheiten loszulassen und das, was man »immer schon so gemacht hat«, zu ändern. Denn auch in der Beziehung zu den Pilzen ist es wichtig, alte Geleise immer wieder zu verlassen, Neues zuzulassen und manchmal eben auch Abschied zu nehmen.

Ein stiller Killer – der Kahle Krempling

Ein Pilz, der diesen Sachverhalt einprägsam verdeutlicht, ist der Kahle Krempling mit seinem braunen Hut und einem zunächst stark eingerollten Rand. Man wusste zwar immer, dass der Ektomykorrhiza-Pilz, der mit zahlreichen Laub- und Nadelbäumen in Symbiose lebt und weit verbreitet ist, es roh verzehrt in sich hat: Seine Hämolysine und Hämagglutinine können schwere, manchmal tödlich verlaufende Brechdurchfälle auslösen. Aber gekocht galt er als essbar. Auch als sich bereits zu Beginn der 1960er-Jahre die Hinweise mehrten, dass nach seinem Konsum unerklärliche Vergiftungsfälle auftreten konnten, dauerte es noch viele Jahre, bis das breitere Publikum der Pilzfreunde auf die Gefahr aufmerksam gemacht wurde und sich in gängigen Pilzführern entsprechende Warnhinweise fanden. In meiner Kindheit war es noch weit verbreitet, Kahle Kremplinge zu verzehren. Manche Sammler schätzten sie sogar mehr als die Steinpilze, weil sie sehr aromatisch sind und man aus ihnen ein Gericht zubereiten konnte, das fast einem Gulasch glich. Wir können davon ausgehen, dass tatsächlich eine nicht kleine Zahl von Pilzessern an diesem Gericht starb, ohne dass Verwandte oder Ärzte verstanden haben, was jeweils die Todesursache gewesen ist. Denn der Kahle Krempling ist ein stiller Killer, der sein Werk langsam vollbringt und nicht unmittelbar, sondern mit einer Verzögerung von Monaten oder sogar Jahren tötet. Erst im Zusammenhang mit der Behandlung von zwei Vergiftungsfällen in Hannover im Jahr 1971 gelang es einem Ärzteteam, den Mechanismus dieser Vergiftung aufzuklären. Den Forschern taten sich Abgründe auf, denn die Wirkung des Kahlen Kremplings war völlig anders, als man es von anderen Pilzgiften kannte. Nur darum hatte er so lange als harmlos durchschlüpfen können. Das Paxillus-Syndrom, wie das durch den Kahlen Krempling verursachte Krankheitsbild genannt wird, tritt meist erst nach mehrmaligem Verzehr des Pilzes auf. Es wird nicht einfach durch ein Toxin verursacht, sondern durch ein Allergen, das im Blut des Konsumenten zur Antikörperbildung führt. Ist das geschehen, lagert sich ein Antigen-Antikörper-Komplex an die roten Blutkörperchen und führt zu ihrer Auflösung. In der Folge kommt es zu einer »Blutarmut«, die über die Jahre hinweg eben auch tödlich verlaufen kann.

Nebulöses von der Nebelkappe und anderen Trichterlingen

Ich kann mich auch gut daran erinnern, dass erfahrene Pilzsammler in meiner Jugend manche der im Spätsommer und Herbst häufigen Trichterlinge der Gattung *Clitocybe* sammelten. Auch hier mehrten sich von Jahr zu Jahr die Hinweise, dass diese Gattung wie auch verwandte Gruppen problematisch sein könnten. Heute wissen wir, dass sie es tatsächlich sind: Sie können Muscarin in tödlichen Dosen enthalten. Das Problem ist, dass man kaum unterscheiden kann, ob man gefährliche oder ungefährliche Trichterlinge vor sich hat. Die Gattung ist sehr artenreich und besteht aus hunderten von Spezies, von denen allein in Europa an die 50 vorkommen dürften. Ihre sichere Bestimmung ist eigentlich nur Spezialisten möglich, und diese haben mit molekularbiologischen Analysen sehr viel Bewegung ins Spiel gebracht: Die Gattungsgrenzen verschwimmen. Für die Trichterlinge gilt darum, was wir schon für die LBMs, die *little brown mushrooms*, festgestellt haben, in ähnlicher Weise: Laien sollten von den *mittleren bis großen weißen Pilzen mit weißen bis gelblich-bräunlichen Lamellen* die Finger lassen. Selbst Experten können sie nur mit mikroskopischen Untersuchungen verlässlich auseinanderhalten. Und auch, wenn die Farbe ins dunklere wechselt, ist Vorsicht geboten: Der oft in Hexenringen wachsende Nebelgraue Trichterling, auch Nebelkappe genannt (*Clitocybe nebularis*), der von vielen Menschen ohne Folgen verzehrt werden kann, kann in anderen Fällen zu einem schweren gastrointestinalen Syndrom führen. Aus dieser Art wurde das toxische und hitzestabile Nebularin extrahiert. Pilzexperte Lothar Krieglsteiner meint: *Die Nebelkappe führt häufig zu Magen-Darm-Vergiftungen, während andere Personen sie gut vertragen. Ich empfehle sie nicht unbedingt.*

Ritterlinge verhalten sich nicht immer ritterlich
Artenreiche Verwandtschaften mit finsteren Gesellen darunter gibt es in der Welt der Pilze aber nicht nur bei den Trichterlingen. Da wären beispielsweise die Ritterlinge der Gattung *Tricholoma*, von denen es allein in Europa an die 50, weltweit aber 200 Arten geben könnte. Nicht wenige von ihnen stehen in Verdacht, giftig zu sein, manche sind es sicher und einige sind sogar richtig zum Fürchten giftig wie der Tigerritterling.

Wie sich die Ansichten zum Speisewert eines »ausgezeichneten Pilzes« ändern können, zeigt der Fall des Grünlings, eines einst sehr beliebten Marktpilzes. Noch vor einem Jahrzehnt wurde er auch in hochseriösen Büchern von führenden Experten als essbar und wohlschmeckend gepriesen. Jetzt kann man in einem Informationsblatt für Ärzte lesen:[12] *In Frankreich sind in den Jahren 1992 – 2000 zwölf Menschen nach dem Verzehr des als Grünling bei uns bekannten wildwachsenden Speisepilzes Tricholoma equestre schwer erkrankt, drei davon sind verstorben … Forschungsergebnisse französischer Wissenschaftler deuten darauf hin, dass der Pilz bei bestimmten empfindlichen Menschen eine Rhabdomyolyse auslösen kann.* Als Rhabdomyolyse wird die Auflösung quergestreifter Muskelfasern wie der Skelett- und Herzmuskulatur und des Zwerchfells bezeichnet. Inzwischen geht man zwar davon aus, dass beim Patienten eine genetische Prädisposition vorliegen muss, damit der Pilz eine Giftwirkung entfaltet. Aber gerade darum zeigt dieses Beispiel, dass wir auch den ältesten und scheinbar harmlosesten Bekannten nicht immer trauen können. Das zeigt auch das folgende Beispiel.

Die Filzröhrlinge und ihr hinterhältiger Gast
Ein Freund der Jugend, der im spätsommerlichen und herbstlichen Wald für großartige Ernten sorgte und als völlig harmlos galt, ein freundlicher Röhrling, der mit keinem Giftpilz verwechselbar ist, war der Gemeine Rotfußröhrling. Beim Pflücken achtete man darauf, nur junge, feste Exemplare mit einem intensiven, leicht säuerlichen Pilzgeschmack zu nehmen. Jedermann wusste, dass ältere Fruchtkörper rasch verschimmelten und man sie darum besser stehen ließ. Sonst aber gab es gegen diesen Pilz keinerlei Verdacht. Bis ein tschechischer Mykologe[13] einen schweren Vorwurf erhob: der parasitische Ascomycet *Hypomyces chrysospermus*, der sogenannte Goldschimmel, befalle den Rotfußröhrling spätestens dann, wenn sich auf der filzigen Haut des Hutes Risse bildeten. Pilzfreunde wissen, dass solche Risse für diese

Röhrlinge so gut wie die Regel sind. Eine schwere Verunsicherung der Pilzsammler war die Folge, mit heftigen Auseinandersetzungen im Internet, ist doch die Liebe zu Pilzen eine äußerst emotionale Angelegenheit. Nach und nach verbreitete sich die Erkenntnis auch ins benachbarte Ausland, fand aber bisher nur begrenzt Einzug in die gängige Bestimmungsliteratur.

Das Problem ist: Die Stoffwechselprodukte des Goldschimmels sind giftig und stehen im Verdacht, krebserregend zu sein. Die Röhrlinge haben also oft einen hinterhältigen Gast und bei allzu reifen Fruchtkörpern des harmlosen Pilzes konsumiert man ungewollt die Toxine des Goldschimmels mit. Was tun? Die meisten Pilzexperten helfen sich mit dem Rat, dann eben nur ganz junge Röhrlinge zu pflücken und nicht übermäßig viele davon zu essen.

Champignons: das Ende einer langen, glücklichen Beziehung?

Mein mykologisches Weltbild war in meiner Jugend recht einfach gestrickt: Es gibt eine wunderbare Gruppe von Pilzen, die auf Wiesen, im Wald, auf Feldern und Weiden, sogar im eigenen Garten wachsen. Und wenn sie einmal wachsen, dann auch gleich massenhaft. Pilze wie aus dem Bilderbuch. *Agaricus* oder Egerling, besser bekannt unter dem aus dem Französischen kommenden Namen Champignon, ist einer der bekanntesten und am häufigsten konsumierten Pilze weltweit. Unter Ernährungsexperten galt er als Star: Er hat einen geringen Fettanteil von unter einem Prozent, nur vier Prozent Eiweiß, allerdings mit essentiellen Aminosäuren, verfügt über die Vitamine K, D, E und B sowie Niacin und bietet daneben noch die Mineralstoffe Kalium, Eisen und Zink. Ein Held der gesunden, fett- und energiearmen Ernährung! **143**

Allerdings ist mir bereits in der Kindheit aufgefallen, dass der Wuchsort des Myzels für die künftige Genießbarkeit seiner Fruchtkörper eine entscheidende Rolle spielen konnte. So hatte ich einmal märchenhaft-prächtige Champignons in der Nähe eines Bauernhofes gepflückt. Die Freude war groß! Sie hielt genau bis zu jenem Augenblick, in dem ich die Pilze in die Pfanne warf. Sofort roch es in der Wohnung wie in einer Jauchegrube, so, als würde ich einen Kuhfladen zubereiten. Aus einem Buch erfuhr ich den Grund: *Die Champignons sind saprobiontische Bewohner von (auch gedüngtem) Boden oder Kompost, die in Wäldern, auf Wiesen, in Gärten und Steppen vorkommen können.* Und offenbar haben sie die Neigung, das Aroma ihrer Umgebung anzunehmen. Das war für mich eine neue Erkenntnis, auch wenn ich eigentlich der Meinung war, diesen Pilz sehr gut zu kennen.

Vom Wolf im Schafspelz: der Weiße Knollenblätterpilz inmitten von Champignons

Meine Eltern haben mir nämlich früh und mit Nachdruck beigebracht, dass Champignons zu sammeln zu einer tödlichen Angelegenheit werden kann, wenn man nicht in der Lage ist, sie sicher zu bestimmen und von einem heimtückischen Doppelgänger zu unterscheiden: dem Weißen Knollenblätterpilz. Der Bruder dieses finsteren Gesellen, *Amanita phalloides*, der Grüne Knollenblätterpilz, schimmert immerhin noch grünlich. Aber der Weiße Knollenblätterpilz (*Amanita phalloides* var. *alba*) ist rein weiß. Junge Fruchtkörper von Champignons und Weißen Knollenblätterpilzen können aus einiger Entfernung darum kaum unterschieden werden. Man muss sie sich wirklich sorgfältig aus der Nähe ansehen: Steckt der Stiel im Boden in einer *Scheide*, in so einer Art *Schuh*? Dann die Finger sofort von diesem Pilz lassen! Sind die Lamellen, und selbst bei den jüngsten Fruchtkörpern, schneeweiß (Knollenblätterpilz), oder haben sie einen Hauch von bräunlich oder rosa (Champignon)? Riecht der junge Pilz unauffällig (Knollenblätterpilz) oder angenehm, leicht nach Anis (Champignon)? Das zu unterscheiden haben mir meine Eltern schon im zarten Alter von vielleicht acht Jahren beigebracht. Und sie haben mich gelehrt, immer, wirklich immer genau hinzusehen! Denn auch wenn in manchen Pilzführern davon gesprochen wird, dass die weißen Formen der Knollenblätterpilze nur zu bestimmten Jahreszeiten und an bestimmten Orten auftreten: Ich selbst hatte zwei Gelegenheiten, einen einzelnen Knollenblätterpilz unter hunderten von Champignons zu finden. Gerade das Massenauftreten mancher Pilze verleitet zu der Annahme, dass sich unter der Menge der guten keine verbergen können, die Finsteres im Schilde führen.

Warum der Karbol-Champignon auch Gift-Egerling genannt wird

Aber auch die Champignons selbst haben mich im Laufe der Jahre nicht nur mit Güllegeruch enttäuscht. Ich weiß noch genau, wie betroffen es mich machte, als ich im Alter von vielleicht zehn Jahren erfuhr, dass nicht alle Champignons automatisch gut sein müssen: Der Karbol-Champignon trägt auch den Namen Gift-Egerling. Ein Bösewicht im weißen Gewand des Unschuldsengels. Ich lernte, dass der Karbol-Champignon in Regionen, in denen er häufig ist und direkt neben dem Wiesenchampignon seine Köpfe aus dem Boden strecken kann, die häufigste Ursache von Pilzvergiftungen ist. Einem medizinischen Lexikon zufolge sehen diese dann so aus: *Nach meist 2 bis 4 Stunden, sehr selten erst nach 6 Stunden Übelkeit, Erbrechen, Durchfall und Bauchkrämpfe; die*

Symptome halten für Stunden an. Selten wurde auch zusätzlich von Schwindel, Kribbelparaesthesien um den Mund und Gesichtsrötungen berichtet. Nun muss man diese Qualen aber nicht erleiden. Der Karbol-Champignon ist recht gut zu erkennen: Er stinkt halt nach Chemie. Und so habe ich mich mit dem Stink-Champignon irgendwann abgefunden. Schließlich umfasst die Gattung *Agaricus* an die 200 Arten oder auch mehr, von denen allein 60 in unseren Breiten vorkommen. Ein schwarzes Schaf in einer Herde von 200 – was soll's, dachte ich.

Was aber, wenn der gute altbekannte Bösewicht, der Karbol-Champignon, nur einer aus einer ganzen verlogenen Sippschaft ist, mit einer langen Liste von Verwandten, die nicht weniger niederträchtig daherkommen? Da wäre der Perlhuhnegerling oder Perlhuhn-Champignon mit dem kaum aussprechbaren wissenschaftlichen Namen *Agaricus praeclaresquamosus*, da sind auch noch *Agaricus phaeolepidotus*, *Agaricus pilatianus* oder *Agaricus romagnesii*, von denen ich keinen deutschen Namen weiß. Zwar fallen diese heimtückischen Gesellen dadurch auf, dass sie vor allem am Stiel und seiner Basis, später auch an Druckstellen, gelbliche Flecken bekommen. Aber meine jugendliche Freude an der Eindeutigkeit der Champignonwelt wich nach und nach einem erwachsenen Respekt vor der Verschlagenheit mancher Vertreter auch dieser Gattung.

Agaritin – krebserregend oder antitumoral?

Die es – und jetzt wird es wirklich gruselig – möglicherweise als Ganze in sich hat. In jüngerer Zeit geistert nämlich ein neues Wort durch die Champignon-Welt, das Angst und Schrecken und zugleich erstaunlicherweise auch Enthusiasmus verbreitet: Agaritin. Dieser in allen Champignons erhaltene Stoff, oder genauer – die daraus bei der Verdauung entstehenden Abbauprodukte, sollen, so meinen die einen, krebserregend sein. Das genaue Gegenteil verkünden andere: Forscher in Asien hätten herausgefunden, dass Agaritin eine antitumorale Wirkung habe und Leukämie-Zellen wirksam bekämpfe. Ja, was denn nun?

Um so viel Klarheit wie möglich zu bekommen, fragte ich mehrere Pilzexperten nach dem Agaritin. Lothar Krieglsteiner meinte: *Als Nicht-Mediziner kann ich in solchen Fällen oft auch kein fundiertes eigenes Urteil bilden. Das Agaritin bzw. seine als krebserregend bezeichneten Abbauprodukte sind jedenfalls in der Pilz-Szene in Deutschland derzeit so gut wie kein Thema. Champignons gelten als Speisepilze und werden meist kommentarlos freigegeben. Agaritin wird auch sehr unterschiedlich, durchaus auch positiv (tumorhemmend, immunaktiv) bewertet. Eher ein Thema sind die gilbenden Arten, sie reichern z. T. Schwermetalle an. Kommt immer darauf an, wo man gesammelt hat. Die Verwechslung mit magen-darm-giftigen Karbol-Champignons kann man gut vermeiden, eine gewisse Kenntnis der Materie vorausgesetzt. Als unproblematisch gelten (bisher) die rötenden Champignons, sie enthalten offenbar auch kein Agaritin. Als ich noch jung war, galt die Mehrzahl dieser Pilze als essbar, außer den einen »richtig« giftigen. Heute sind zahlreiche weitere Substanzen entdeckt, die mehr ungesund als giftig wirken – die Grenze von Speise- und Giftpilz ist in vielerlei Hinsicht verschwommen. Man bekommt den Eindruck, dass bald keine Speisepilze mehr übrig bleiben werden. Auf der anderen Seite gilt für mich: Würde man die Strenge, die man auf pilzliche Nahrungsmittel anwendet, auf andere übertragen, gäbe es auch keine Erdbeeren oder keinen Brokkoli mehr zu kaufen …*

Der slowakische Mykologe Ladislav Hagara meint, dass alle Champignons Agaritin enthalten, vermehrt auch der wohl duftende Anis- oder Schaf-Egerling. Der allzu häufige und regelmäßige Konsum roher Pilze sei wegen der krebserregenden und mutagenen Derivate von Agaritin nicht ratsam, gelegentlicher Konsum aber unbedenklich. In gezüchteten Champignons solle der Gehalt relativ niedrig sein. Durch Einfrieren reduziere sich der Gehalt um 70, beim Einlegen in Essig sogar um 90 Prozent, und nach längerer Wärmebehandlung sollte der Stoff völlig zersetzt werden. Den häufigen Konsum roher Champignons in Salaten empfiehlt der Pilzexperte nicht – doch ansonsten brauche man vor diesen Pilzen keine Angst zu haben.

Und auch den Vorreiter der Mykotherapie in Deutschland, Franz Schmaus, habe ich nach den beliebten Champignons gefragt. Er antwortete: *Die Wissenschaft versucht natürlich alle Stoffe zu entschlüsseln, welche in den Pilzen enthalten sind. Dabei finden sie dann auch solche, die einzeln betrachtet giftig oder schädlich sein könnten. In der Natur, genauer in den Pilzen, liegen diese Stoffe aber nicht separat oder extrahiert vor, sondern immer im Verbund mit all den anderen. So werden ihre Wirkungen verstärkt oder eben auch abgemildert. Dies trifft auch für das in Reinform an sich gefährliche Agaritin im Champignon zu. Am Verzehr von Champignons ist – soweit bekannt – noch nie jemand zu Schaden gekommen, im Gegenteil, Wissenschaftler haben gerade bei ihm festgestellt, dass er wichtig ist, um unseren Körper mit Vitamin D zu versorgen. Ebenfalls soll er unseren Hormonhaushalt regulieren, indem er dafür sorgt, dass durch die Aromatase-Hemmung aus dem Testosteron nicht zu viele wachstumsfördernde Östrogene gebildet werden können. Diese Erkenntnis ist besonders für Frauen mit Brustkrebs von Bedeutung, aber auch für alle Männer ab 60 Jahren, die an der Prostatavergrößerung leiden.*

Schwermetalle in Wild-Champignons

Ist die Frage, ob das Agaritin in Champignons eher gefährlich oder eher nützlich ist, also umstritten, so ist
unumstritten, dass es sich zumindest bei den in Wald
und Flur wachsenden Exemplaren recht häufig um
schwere Jungs handelt. Und zwar in einem wörtlich zu
verstehenden Sinne: Cadmium, Blei, Quecksilber und
andere Schwermetalle werden in unserer Umwelt von
Autoverkehr und Industrieanlagen in nicht geringer
Menge freigesetzt. Und unsere Pilze sammeln sie wieder
ein. Ausgerechnet in einigen wilden Champignonarten,
in schönen Wiesen-Champignons und den wunderbar
duftenden Anis-Champignons, fand man Schwermetalle
in höheren Dosen. Und auch in Birkenpilzen, Maronen-
röhrlingen und Steinpilzen kommen diese Gifte vor. Je
nach Art und Fundort nehmen die Pilze unterschiedlich
viele Schadstoffe auf. Darum sollte man Pilze, die in der
Nähe von Industrieanlagen und stark befahrener Stra-
ßen wachsen, lieber meiden. Allerdings ist die Meinung
der Pilzfreunde gespalten, wenn es um die Gefährlichkeit solcher Beobachtungen geht. Die Mehrheit lässt sich
nicht verrückt machen und tröstet sich etwas fatalistisch
damit, dass wir ohnehin nicht wissen, wie viele Schwermetalle auf unterschiedlichen Wegen tatsächlich in den
menschlichen Organismus gelangen. Und damit, dass
ein Großteil vielleicht mit den unverdaulichen Teilen
der Pilze wieder ausgeschieden wird. Und was soll man
mit der Empfehlung der Weltgesundheitsorganisation
und der Deutschen Gesellschaft für Ernährung anfangen, nach der man wöchentlich höchstens 250 Gramm
Wildpilze essen sollte? In der Hochsaison ist diese kleine
Menge für eingefleischte Pilzliebhaber eher nur ein Ap-
petithappen. Und was die Süddeutsche Zeitung empfiehlt, nämlich auf Pilze aus Kulturen zurückzugreifen,

weil diese auf speziellen Substraten wachsen und darum keine Schwermetalle aufnehmen, ist für den echten Pilzfreund sicher keine kulinarische Option.

Warum sich in Deutschland jährlich 10.000 Menschen mit Pilzen vergiften

Apropos kulinarische Option! Sicher kennen auch Sie den hauswirtschaftlichen Rat, Pilzgerichte besser nicht noch einmal aufzuwärmen. Er kommt aus Großmutters Zeiten, aber: Ist er deswegen überholt? Gehen wir dieser Frage einmal etwas nach.

Immer wieder – gerne im Herbst zur Pilzsaison – macht die Neuigkeit von der Zunahme der Pilzvergiftungen die Runde. Die Naivität und Unkenntnis des Sammelnden sei daran schuld, oder die Tatsache, dass immer mehr Menschen aus Regionen zu uns kommen, aus denen sie essbare Pilze kennen, die giftigen Pilzen hier ähnlich sehen, was dann zu Verwechslungen führt.

Eines wird bei alledem gerne übersehen: Dass es auch unechte Pilzvergiftungen gibt.

Unechte Pilzvergiftungen? Was soll denn das sein? Sind Erbrechen, Durchfall, Schüttelfrost, Fieber und Kreislaufkollaps nicht Symptome, die nicht gerade »unecht« wirken? Nun ja: Auch eine unechte Vergiftung ist eine richtige Vergiftung! Der Unterschied ist aber, dass die Stoffe, welche die Symptome herbeiführen, nicht von Giftpilzen wie den Knollenblätterpilzen stammen, sondern von Speisepilzen – und zum Teil unseren Lieblingen!

Leichengifte und die alte Großmutter

Und das geht so: Pilze enthalten viel Eiweiß bzw. die Vorstufen davon, die proteinogenen Aminosäuren, und darunter auch die essentiellen Aminosäuren, die von unserem Körper nicht selbst hergestellt werden können, sondern über die Nahrung zugeführt werden müssen. Diese essentiellen Aminosäuren sind Threonin, Lysin, Valin, Leucin, Isoleucin, Phenylalanin, Tryptophan, Methionin und seit kurzem wird auch Histidin als essentiell eingestuft. Diese Aminosäuren haben eine unerfreuliche Eigenschaft: Bei ungünstigen Lagerungsbedingungen werden sie rasch von Bakterien befallen und zersetzt. Anders als etwa Früchte, die einen hohen Säureanteil haben, ist das innere Milieu der Pilze annähernd pH-neutral, was das Bakterienwachstum fördert. In diesem Zersetzungsprozess entstehen Stoffwechselprodukte, die für uns giftig sein können. Eine wesentliche Rolle spielen dabei sogenannte biogene Amine: Sie entstehen im Stoffwechsel von Mikroorganismen, Pflanzen, Tieren und Menschen und sind zugleich häufig Synthesevorstufen bzw. Bausteine von Alkaloiden, Hormonen, Coenzymen, Vitaminen, Phospholipiden und selbst Neurotransmittern. Ein solches biogenes Amin, das bei der Zersetzung von Pilzen entsteht, ist Cadaverin, exakter bezeichnet als 1,5-Diaminopentan, das durch mikrobielle Zersetzung von Eiweiß aus der Aminosäure Lysin gebildet wird. Das sind, der Name deutet es schon an, die Leichengifte. Cadaverin trägt wesentlich zum Verwesungsgeruch bei. In eine ähnliche Liga gehört auch ein weiteres biogenes Amin, das Putrescin, und vermutlich gibt es noch weitere Unappetitlichkeiten, die wir bisher noch nicht entdeckt haben. Schweißausbrüche, Bauchkoliken, Völlegefühl, Fieber, Schwindel, Gesichtsröte, Hitzegefühl, Kreislaufbeschwerden, Schüttelfrost und andere unangenehme Symptome sind also häufig gar nicht Folge einer Mahlzeit aus giftigen Pilzen, sondern Folge einer verdorbenen Mahlzeit aus essbaren Pilzen.

Und hier kommt die Großmutter wieder ins Spiel: Wenn wir das wissen, können wir auch die alte Geschichte mit dem Aufwärmen der Pilze besser verstehen. In Zeiten, in denen das Kühlen von Nahrungsmitteln nicht so einfach war wie heute, tat man gut daran, leicht verderbliche Pilze nicht wieder aufzuwärmen. Heute im Zeitalter der sachgemäßen Kühlung dagegen, spricht nichts dagegen, frische Pilze oder frisch gekochte Pilzgerichte bis zum nächsten Tag im Kühlschrank aufzubewahren.

Lieber ein frischer Zuchtpilz als ein vergammelter Wildpilz

Dass es dennoch zu so vielen unechten Pilzvergiftungen kommt, hat auch damit zu tun, dass unsachgemäße Ware auf den Märkten verkauft wird. Auf dem Höhepunkt der Pilzsaison erreichen unsere Märkte und Supermärkte von weit her auch Lieferungen von Wildpilzen, die häufig alles andere als Frische ausstrahlen. Ich persönlich würde jeden frischen Zuchtchampignon oder Shiitake aus der Umgebung von Salzburg einem vergammelten Pfifferling aus Moldavien vorziehen. Es soll Fälle gegeben haben, in denen die Pilze mehrere Wochen zum Verbraucher unterwegs waren! Wenn solche Pilze in den Handel gebracht werden, dann muss man sich nicht wundern, wenn die »Pilzvergiftungen« zunehmen!

Pilzgenuss für empfindliche Mägen

Doch auch der Verzehr junger Pilze in bester Qualität kann bei manchen empfindlicheren Konsumenten unerfreuliche Folgen haben. Wenn große Stücke der mykologischen Köstlichkeiten schlecht zerkaut in den Verdauungstrakt gelangen, können bei empfindlichen Personen Blähungen, Unwohlsein, Erbrechen und Durchfall auftreten. Ursache dafür ist ein typisches Merkmal der Pilze, das wir bereits einige Male angesprochen haben: Sie haben anders als tierische Zellen eine Zellwand, doch im Unterschied zu Pflanzen nicht aus Zellulose, sondern aus einem anderen Polysaccharid namens Chitin. Dieses ist für uns an und für sich unverdaulich, ein Ballaststoff. Pilze in kleine Stücke zu zerschneiden, sie nicht roh zu essen, nicht große Mengen auf einmal zu essen und sie gründlich zu zerkauen, um den Verdauungstrakt zu entlasten, sind darum wichtige Maßnahmen, wenn man Pilzmahlzeiten regelmäßig genießen möchte. Manche Pilzexperten raten auch dazu, Pilzgerichten einige Kümmelkörner oder etwas Fenchel beizumengen, um sie leichter verdaulich zu machen. Außerdem scheint zu gelten: Die Übung macht den Meister! Denn wer regelmäßig (oder immer schon) Pilze konsumiert, kennt solche Probleme seltener. Offensichtlich gewöhnen sich unsere Verdauungsorgane an die mykologische Fracht. Ich selbst hatte mein ganzes langes mykologisches Leben damit noch nie Probleme.

Dennoch muss ich wieder einmal an meine Mutter denken, als sie – ich war fünf oder sechs Jahre alt – meinen ausufernden Konsum von gebackenen Parasolpilzen verbieten wollte. Das sei für Kinder schwer verdaulich! Wie unerträglich mir diese Belehrungen damals nur vorgekommen sind! Heute weiß ich: Es steckte ein gutes Stück Wahrheit in ihnen.

....

*Die Skepsis, die der Mykotherapie oft noch
entgegengebracht wird, beruht entweder auf
Unkenntnis oder Ignoranz.
Mit dieser Haltung will man uns weismachen,
dass nur die Pharmamedizin heilen kann
und die Naturmedizin schon lange ausgedient hätte.*

Franz Schmaus, Vorreiter der Heilkunde durch Pilze in Deutschland

Wir schreiben etwa das Jahr 3200 v. Chr. Das Neolithikum, die Jungsteinzeit, neigt sich dem Ende zu, und wir befinden uns am Beginn der Bronzezeit. Der Frühling zeigt sich schon in den Tälern, als sich ein Mann im Hochgebirge der Ötztaler Alpen beim 3.208 m hohen Tisenjoch einen Steinbockbraten gönnt und anschließend etwas rastet. Als Kopfbedeckung trägt er eine Mütze aus dem Fell eines Braunbären, eine längsgestreifte Jacke aus braunem und weißem Fell wärmt ihn. Er trägt Beinlinge aus vielen kleinen Fellstücken, die mit Tiersehnen vernäht sind. Für seine Zeit ist er recht gut gekleidet. Ein Bronzebeil, Bogen und Pfeile sowie ein Dolch aus Feuerstein bilden wesentliche Teile seiner Ausrüstung, ebenso eine Rückentrage sowie ein Glutbehälter. Und eine Gürteltasche trägt er bei sich, die einen besonderen Inhalt hat. Unser Mann ahnt nichts von der Gefahr, die ihm folgt. Er hat einen Feind, der ihm nach dem Leben trachtet und der den Ahnungslosen bei seiner Rast beobachtet. Ein Pfeil trifft unseren Wanderer, gerade als er sich bereit macht, wieder aufzubrechen. Den Schwerverletzten erschlägt der Mörder

154

mit einem Stein, den Leichnam und seine Ausrüstung lässt er zurück.

Schnee und Eis bedeckten die Spuren des Dramas, doch mehr als 5.200 Jahre später soll der Tote als Ötzi, als Mann vom Tisenjoch, Mann vom Hauslabjoch, Mann aus dem Eis, als die Mumie vom Similaun und unter weiteren Namen zur berühmtesten Gletschermumie der Welt werden.

Ötzis Pilze

Fast als ob sie gestern erst geschehen wären, erzählt sie uns Geschichten aus einer längst vergangenen Zeit, und die Gürteltasche des Mannes vom Hauslabjoch hält für uns eine besondere bereit, nämlich eine über Pilze. Gleich zwei verschiedene Arten trug Ötzi bei sich, darunter den seit Urzeiten verwendeten Zunderschwamm. Bei ihm fanden sich auch Spuren von Pyrit, beides waren Bestandteile des damals üblichen »Feuerzeugs«. Und der Birkenporling fand sich in der Tasche des Wanderers, ein Heilmittel, das heute nicht nur das begeisterte Interesse von Naturheilern findet, sondern auch das namhafter Forschungslaboratorien in aller Welt. Er gilt als Vitalpilz, der gegen Magenbeschwerden helfen soll, wenn ein Sud aus ihm zubereitet und getrunken wird. Er soll gut für die Haut sein und gegen Tumorerkrankungen verschiedenster Art wirken. Dazu gilt er als entzündungshemmend, als antibiotisch und antiviral wirkend, und hilft bei Wurmerkrankungen und bei anderen Darmparasiten. Und er gilt als entsprechend wertvoll: 100 Milliliter Birkenporling-Tropfen sind als Ötzi-Pilz-Konzentrat über das Internet für EUR 29,99 (inkl. MwSt.) zu bekommen.

Der Mann aus dem Eis trug nun kein Fläschchen mit Birkenporlingskonzentrat bei sich, sondern eine Scheibe des Pilzes, die er wie einen Teebeutel an ein Lederband gehängt hatte. Vielleicht hat er ihn so zur Stillung von Blutungen direkt auf Wunden gelegt und dabei zugleich die antibiotische Wirkung des Pilzes genutzt? Oder aber er hat die Pilzscheibe in heißes Wasser gehängt und den Sud getrunken. Im Jahr 2016 wurde im Magen der Mumie das Bakterium *Helicobacter pylori* nachgewiesen, und vieles spricht dafür, dass ihn auch Würmer als Darmparasiten plagten. Den Mann könnten akute Magenbeschwerden und Verdauungsprobleme gequält haben; der mitgeführte Birkenporling diente ihm wohl als Medizin, ein Wissen und eine Tradition, die sich zum Beispiel beim Volk der Samen bis heute erhalten hat.

Chaga-Pilze in der Volksmedizin

Als man Ötzi fand, meinte man zuerst, dass der gefundene Pilz ein *Inonotus obliquus* oder Schiefer Schillerporling sei, unter Freunden der Naturmedizin besser bekannt als Chaga (oder Tschaga). Auf den ersten Blick würde man diese geschwürartige Knolle am Stamm von Birken kaum als Pilz erkennen, sondern eher für eine krankhafte Wucherung des Baumes halten. In der russischen Volksmedizin bis nach Sibirien, im Baltikum und auch in Finnland werden diese schwarzen Knollen schon von alters her als Heilmittel gegen Krebs verwendet. Außerdem sollen sie das Immunsystem stimulieren, entzündungshemmend wirken sowie Bauchspeicheldrüse und Leber schützen. Tatsächlich haben Labor- und Tierversuche die krebshemmende Wirkung bestätigt, doch das Problem ist: Wir wissen nicht genau, warum das so ist. Beim Schiefen Schillerporling wurden bisher mindestens 200 bioaktive Substanzen gefunden, wie verschiedene Polyphenole, Triterpene und Polysaccharide. Sehr aufwändige und kostenintensive klinische Studien wären notwendig, um deren Wirkungen im Einzelnen und in der Verbindung miteinander zu analysieren. Solche Studien sind kaum realistisch umsetzbar. Darum werden viele Anwendungen der Pilzmedizin, auch wenn sich deren positive Effekte immer wieder beobachten lassen und bestätigen, noch lange nur im Bereich der Alternativmedizin Anwendung finden und nur in Ausnahmefällen zu schulmedizinischen Standardverfahren werden.

Ein Pilz fängt freie Radikale

Sibirische Schamanen setzen Chaga schon seit Menschengedenken als Medikament ein. Sie schwören darauf, dass sich der allgemeine Gesundheitszustand der Menschen beim regelmäßigen Konsum eines aus diesem Pilz zubereiteten Aufgusses verbessert und dass er das Wachstum von Geschwüren eindämmt. Tatsächlich verfügt Chaga über einen ungewöhnlich hohen ORAC-Wert. ORAC steht für »Oxygen Radical Absorbance Capacity« und bezeichnet die Fähigkeit von Stoffen oder Lebensmitteln, Sauerstoffradikale abzufangen. Je höher dieser Wert, desto ausgeprägter die antioxidative Kapazität eines Stoffes. Für Grüntee, einem beliebten Antioxidantium, werden etwa 1.300 ORAC angegeben, bei rohen Karotten sind es 700, und im getrockneten, gemahlenen Chagapulver – 65.000! Ein hoher ORAC-Wert bedeutet, dass pro Gramm Substanz mehr freie Radikale, die physiologisch Zellschädigungen hervorrufen können, neutralisiert werden. Im Chaga könnte also tatsächlich viel drinstecken!

Der berühmte russische Schriftsteller, Dramatiker, Nobelpreisträger und Regimekritiker des Sowjetreichs Alexander Solschenizyn (1918 – 2008) hat ihm dann auch in seinem Roman *Krebsstation* aus dem Jahr 1967 ein literarisches Denkmal gesetzt: *Einer unserer alten*

Patienten erzählte mir von Dr. Maslennikow. Er sagte, das sei ein alter vorrevolutionärer Landarzt aus dem Bezirk Alexandrow, nicht weit von Moskau. Er arbeitete seit Dutzenden Jahren schon in demselben Krankenhaus, genauso wie das seinerzeit üblich war, und ihm fiel auf, dass, obwohl in der medizinischen Literatur immer mehr über Krebs geschrieben wurde, unter den Kleinbauern, die zu ihm zur Behandlung kamen, kein Krebsfall war. Warum war das so? Und er entdeckte etwas Merkwürdiges: dass die Bauern in seinem Bezirk sich das Geld für ihren Tee sparten und anstelle von Tee ein Ding namens Tschaga, oder anders ausgedrückt, Birkenpilz, aufbrühten ... Jedenfalls kam Sergej Nikititsch Maslennikow eine Idee. Mochte es nicht ebenjener Tschaga sein, der die russischen Kleinbauern schon seit Jahrhunderten von Krebs heilte, ohne dass sie es überhaupt wussten?

Auch der finnische Nationaldichter und Vater der modernen Literatur in finnischer Sprache Aleksis Kivi (1834 – 1872) berichtete über Chaga, der im Finnischen den unaussprechlichen Namen Pakurikääpä trägt. In seinem berühmtesten Buch *Die sieben Brüder* erzählt er, dass in den finnischen Kriegen die Soldaten den Pilz als »tikka tee« als Kaffeeersatz tranken. Viele Veteranen waren davon überzeugt, dass sie den Krieg nur wegen dieses Pilztranks überlebt hatten.

Reishi – der Pilz des ewigen Lebens

Wenn Chaga der Pilz des Nordens ist, dann ist der Reishi der Heilpilz Asiens. Er gilt als der König der medizinisch wirksamen Fungi und hat in der chinesischen Volksmedizin unter dem Namen Ling Zhi seit etwa 4.000 Jahren eine überragende Bedeutung. Bei uns heißt er schlicht Glänzender Lackporling und kaum jemand würde auf die Idee kommen, die einjährigen Fruchtkörper zu essen:

Sie sind derb bis sehr hart, schmecken bitter und sind mit einer nicht gerade appetitlichen nachdunkelnden Harzschicht bedeckt. Die vorwiegend auf Laubbäumen wachsende Art – sein Lieblingsbaum ist die Eiche – ist wahrscheinlich weltweit verbreitet, doch gibt es wie in der Biologie allgemein Probleme bei der Abgrenzung zu nahe verwandten, ähnlichen Formen. Die holzbewohnende Gattung *Ganoderma* ist wohl ein Komplex eng verwandter Sippen. Seine Lebensweise ist saprobiontisch, er befällt also Totholz, oder aber als Schwächeparasit schon vorgeschädigte Bäume, spielt aber als Holzschädling keine bedeutende Rolle. Umso aufmerksamer wird der Reishi gegenwärtig wissenschaftlich erforscht. Er gilt als wirksam in der Krebstherapie und wird in China auch als »Pilz des ewigen Lebens« bezeichnet. Ein edler Titel für einen edlen Pilz. Und Adlige gibt es in der Welt der Pilze noch einige mehr!

TRÜFFEL & CO.: DIE ARISTOKRATEN DER PILZE
Mit Hund und Schwein auf Schwammerlsuche

Auch Pilze kennen soziale Klassen.
Die aufgrund ihrer apollinischen Schönheit überheblichen
Kaiserlinge sind eitle Aristokraten – immer hochmütig,
aber nichtsnutzig;
Steinpilze hingegen sind vernünftig und gutwillig, schlicht
und emsig, bescheiden gekleidet.
Dann gibt es noch den abgezehrten Trupp proletarischer
Pilze ...
Auch Trunkenbolde und Kriminelle dürfen nicht fehlen.

Piero Calamandrei

Was würden Sie vermuten, wenn Sie einen Menschen mit einem Schwein an der Leine im herbstlichen Wald beobachten würden? Der Pilzunkundige dächte vielleicht, dass hier abseits der Wege ein Sonderling mit einem merkwürdigen Haustier durch den Busch bricht. Etwas bang würde er den Kontakt vermeiden. Aber auch der Pilzkundige würde sich vielleicht nicht zu erkennen geben – und dem Schweineführer möglichst unbemerkt folgen. Denn dieser ist auf der Suche nach einer der edelsten Kreaturen, die im Waldboden zu finden ist: die Trüffeln. Schweine sind es, die mit Intelligenz und feiner Nase ausgestattet diesen aromatischen Pilz erriechen können und dem Pilzliebhaber helfen, die Trüffelstellen zu finden. Allerdings: Haben sie eine gefunden, dann sind sie nicht immer davon zu überzeugen, dass die gefundene Kostbarkeit nicht ihnen gehört, sondern ihrem Herrn. Außerdem: Wer seine Trüffelplätze geheim halten

möchte, der tut gut daran, nicht mit einem Schwein, sondern mit einem für die Trüffelsuche ausgebildeten Hund
in den Wald zu ziehen. Diese rücken gegen ein Lecker-
chen die Trüffelknolle gerne heraus und sind auch bei
weitem nicht so auffällig, dass man unliebsame »Nach-
läufer« fürchten muss, wenn man sich mit ihnen in den
Wald auf die Suche begibt. Denn eine Trüffelstelle zu
kennen, das ist buchstäblich Gold wert, wie wir noch
sehen werden.

Trüffeln sind zwar weltweit verbreitet, kommen jedoch
vor allem auf der Nordhalbkugel vor. Die besten Exemplare wachsen aber im Boden der lichten Laubwälder der
nördlichen Mittelmeerküsten. Nirgendwo sonst sind sie
so aromatisch, und in den Trüffelregionen Frankreichs
und Italiens steht der Pilz im Mittelpunkt eines herbstlichen Festkreises mit Trüffelmärkten, Trüffeltombolas,
Trüffeldiners und Gottesdiensten zum Dank für reiche
Trüffelernten.

Von Trüffeln, Liebesgöttinnen und Goldregen

Die Verehrung, die den Trüffeln entgegengebracht
wird, ist kulturgeschichtlich gesehen schon sehr alt und
stammt aus der Zeit des Römischen Reiches. Dabei äu-
ßerten sich die alten Römer zunächst sehr abschätzig
über Pilze und über diejenigen, die sie aßen. Pilze galten
als »Saufraß« und als Arme-Leute-Essen, das jemand von
Stand nur in höchster Not und äußerstenfalls zu sich
nahm. Plinius lästerte über die Essgewohnheiten der
Germanen, die mit »Eicheln und Pilzen« kochten, was
er während eines Feldzugs mit Germanicus beobachtet
hatte. Doch das änderte sich rasch und grundlegend.
Bald durfte das gemeine Fußvolk nur noch minderwer-
tige Schwammerln verzehren, die bereits genannten

»Saupilze«. Die Aristokraten der Pilze gehörten hingegen auf den Tisch der Reichen. Und zu den Aristokraten zählten selbstverständlich die Trüffeln.

Ihnen wurde eine aphrodisierende Wirkung zugeschrieben und so wurde die delikat duftende Knolle der Liebesgöttin Venus geweiht, wobei man sich, wie bei den Römern üblich, eine Geschichte aus der griechischen Götterwelt entlieh, um diese Zuschreibung zu legitimieren: Zeus, der nimmersatte Schwerenöter, habe sich so sehr nach Prinzessin Danae gesehnt, dass er sich in einen Goldregen verwandelt habe, der die junge Frau schwängerte. Jene Tropfen aber, die nicht in den Schoß der Erwählten, sondern auf die Erde fielen, wurden zu Trüffeln. Und da die Sehnsucht beim »alten Mann« kein Ende nimmt, verwandelte er sich jedes Jahr in einen Goldregen, der im Herbst die Trüffeln wachsen lässt.

Was die Griechen und die Römer für gottgegeben hielten, das galt im katholischen Mittelalter dann als Inbegriff der Sünde, eine Knolle, vom teuflischen Dämon selbst geschaffen, um die Sinne der Menschen zu betören und sie vom rechten Weg abzubringen. Erst als der Verzehr von Trüffeln auch an der päpstlichen Tafel immer beliebter wurde, drückte man ein Auge zu, ließ aphrodisierende Wirkung aphrodisierende Wirkung sein und verwarf die Verknüpfung mit dem Sündhaften und Dämonischen.

Echte oder falsche Trüffeln – das ist die Frage

Was genau ist nun eigentlich eine Trüffel? Die Bezeichnung leitet sich möglicherweise vom lateinischen *tuber* ab, was soviel wie »Beule« oder »Knolle« heißt. Zahlreiche nicht näher verwandte Pilze bzw. ihre Fruchtkörper werden Trüffeln genannt, wenn sie nur unterirdische – in der Fachsprache hypogäische – Knollen bilden. In Europa wachsen an die 20 Arten der sogenannten Hirschtrüffeln (*Elaphomyces*), die zwar wie die (echten) Trüffeln Ascomyzeten, doch mit *Tuber* nicht näher verwandt sind. Hieran wird schon die Unschärfe deutlich, mit der das Wort »Trüffel« verwendet wird, und man versucht sich in Abhandlungen über knollenförmige Fruchtkörper damit zu helfen, dass man »echte« wie auch »falsche« Trüffeln unterscheidet.

Aus systematischer Sicht sind die echten Trüffeln der Gattung *Tuber* unter den Speisepilzen deswegen eine Ausnahme, weil sie – wie auch die Morcheln – zu den Schlauchpilzen (Ascomycota) zählen, einer der zwei größten Evolutionslinien der Fungi. Diese haben charakteristische, schlauchförmige Fortpflanzungsstrukturen, während die allermeisten gängigen Speisepilze durchwegs Ständerpilze (Basidiomycota) sind. Heute weiß man auf Grund molekularbiologisch-genetischer Forschung[14], dass sich das evolutive Zentrum der Verwandtschaft der Gattung auf der Nordhalbkugel in Europa bzw. Eurasien befand, dass die große Entfaltung von *Tuber* zwischen 271 und 140 Millionen Jahren erfolgte und dass all die Arten, die wir heute *Tuber* nennen, in fünf Verwandtschaftsgruppen unterteilt werden sollten: *Aestivum* und *Excavatum* kommen nur in Europa und Nordafrika vor, *Puberulum, Melanosporum* und *Rufum* haben hingegen eine weitere Verbreitung und deuten auf interkontinentale Ausbreitungsprozesse zwischen Europa, Asien und Nordamerika hin. Das Internetportal Index Fungorum[15] verzeichnete gegen Ende des Jahres 2016 unter *Tuber* rund 640 Einträge; Arten, Unterarten, Varietäten und vor allem Synonyme. Im ersten Jahrzehnt des neuen Jahrtausends hielt man 70 bis 75 Spezies weltweit, in Europa 32 Arten für gültig.

Das betörende Aroma der Trüffeln

Warum aber duftet die Trüffelknolle eigentlich so »aufregend aromatisch«? Der Grund liegt, wir hörten oben schon ein wenig davon, in der pfiffigen Weise, mit der Trüffeln für ihre Verbreitung sorgen. Anders als die meisten gängigen Pilze, die auf die Verbreitung ihrer Sporen durch Wind oder – seltener – durch Wasser setzen, gebrauchen Trüffeln Tiere, die mit den Fruchtkörpern die Sporen fressen und sie Kilometer vom Ursprungsort entfernt unverdaut wieder ausscheiden. Die versteckt wachsenden Knollen müssen duften, damit sie vom tierischen Transportdienst gefunden werden können, und die Legenden über den betörenden, aphrodisierenden Duft der Trüffeln sind zahlreich. Die Trüffel-Pheromone sollen Eber, Hunde, Menschen und Käfer verrückt gemacht haben. Tatsächlich finden sich in den verschiedenen Trüffeln unzählige, je nach Jahreszeit und Wuchsort unterschiedlich intensiv wirkende Duftlockstoffe. Das steht auch außer Diskussion und ist seit Langem bekannt. Und dennoch ist das Besondere dieses Pilzes dann wieder gar nicht so besonders. Denn das Molekül, das bei all den Duft- und Aroma-Phänomenen rund um die Trüffeln das entscheidende ist, ist ein Allerweltsding, buchstäblich. Es handelt sich um die am häufigsten biogen in die Atmosphäre emittierte Schwefelverbindung. Es wird vom Phytoplankton gebildet und ist verantwortlich für den typischen Geruch des Meeres. Auch in unseren Küchen duftet der Stoff, wenn wir Getreide, Kohl oder Meeresfrüchte zubereiten. Er findet sich im Vaginalsekret von Weibchen des Goldhamsters und ist eine Komponente des Mundgeruchs im menschlichen Atem, die von anaeroben Bakterien im Mund erzeugt wird. Die Rede ist von einem chemisch relativ einfach gestrickten Stoff, von einem schwefelhaltigen Molekül mit der Formel $(CH_3)_2S$ mit dem Namen Dimethylsulfid (DMS).

Experimente des französischen Chemikers Thierry Talou[16] ergaben schon vor vielen Jahren, dass nicht ein besonderes Pheromon, sondern die schlichte Duftmarke von eben diesem Dimethylsulfid die Schweine, Hunde und sogar die Trüffelfliegen anzieht. Aber können nicht auch schlichte Dinge groß sein? Warum sollen wir uns den Mythos von der »Liebesknolle« nicht erhalten, die zum Zauber des Südens gehört und Kulturgeschichte schrieb?

Und Schwefel hin oder her: Das Aroma der Trüffel ist schließlich so stark und außergewöhnlich, dass man mit ihm ein rohes Ei olfaktorisch »einfärben« kann, wie der Pilzkontrolleur aus dem Kanton Zürich Hugo F. Ritter berichtet. Man stelle eine Trüffel auf ein Tüchlein in ein Gefäß und einige Eier ohne direkten Kontakt rund herum. Wenn man das Gefäß schließt und drei Tage wartet, sind die Spezial-Trüffeleier fertig – das einzigartige Aroma dringt durch die poröse Schale in die Eier.

Nicht mit Gold aufzuwiegen

Ein derart betörendes Aroma hat seinen Preis. Immer wieder gehen einzelne Trüffeln für ungeahnte Summen über den Laden- bzw. vielmehr über den Auktionstisch. Bei einer Auktion in Italien sind zwei Trüffeln für 90.000 Euro unter den Hammer gekommen. Die Trüffeln mit einem Gewicht von 950 Gramm gingen an einen Bieter aus Hongkong. Und im Jahr 2008 berichtete der SPIEGEL vom Chinesen Stanley Ho, der bei einer internationalen Trüffel-Auktion in Rom eine 1.080 Gramm schwere weiße Trüffel für schlappe 158.000 Euro ergatterte und damit wie ein Jahr davor mitbietende Scheichs aus Abu

Dhabi ausgestochen hatte. Im Vergleich zu einer Auktion aus dem Jahr 2007 aber war das ein Schnäppchen: Bei einer damals via Satellitenschaltung nach London, Macao und Abu Dhabi abgewickelten Trüffel-Versteigerung hatte ein Milliardär eine 1,5 Kilogramm schwere Knolle für 330.000 US-Dollar erworben. Doch sind derartige Fantasiepreise aus dem Reich der Parvenüs nicht der Standard. Selbst im Internet kann man heutzutage Périgord-Trüffeln für 182,24 Euro pro 100 Gramm bestellen – zuzüglich der Versandkosten. Und wie könnte es in Zeiten der Globalisierung anders sein: Auch Amazon verkauft sie bereits. Trüffeln für den Massenmarkt? Ist das möglich?

Trüffelzucht oder lieber Knollen aus dem Wald?
Als Ektomykorrhiza-Pilze, als Pilze also, die in Symbiose mit Bäumen leben, lassen sich Trüffeln nicht züchten, heißt es in der Regel. Aber man hört auch andere Meinungen ... Wahr ist, dass bei einem Erfolg der Massenzucht von Trüffeln es mit der Kostbarkeit der Knolle bald vorbei wäre und der Preis massiv verfallen würde. Nicht wahr ist, dass Trüffeln überhaupt nicht gezüchtet werden können, wobei aber noch unklar ist, ob sich die Trüffelzucht wirklich lohnt.

Schon 1810 gab es in der Provence, der Franzose Joseph Talon war hier der Ideengeber, mehr oder weniger erfolgreiche Anbauversuche. Man pflanzte mit Trüffelmyzel oder -sporen geimpfte Bäume und wartete – viele Jahre lang. Nicht immer stellte sich der Erfolg ein, aber immer wieder fanden Baum und Pilz sich auch. Eine agro-industrielle Produktion von Trüffeln, wie es sie bei den saprophytischen Champignons gibt, ist heute noch unmöglich. Doch kann man heute Trüffelbäume im Katalog bestellen, und zwar nicht nur verschiedene Baumarten, sondern dazu auch unterschiedliche Trüffeln. Lieferbar sind beispielsweise Burgundertrüffel, Frühlingstrüffel und sogar die begehrte Périgordtrüffel. Suchen Sie sich eine aus. Ein geimpftes Bäumchen für 36 Euro ist nicht einmal besonders teuer. Wer einen ganzen Wald möchte, der kann auch gleich 1.000 Bäume bestellen. Bei solchen Projekten empfiehlt der Lieferant jedoch dringend eine fachkundige individuelle Beratung ...

Aber vielleicht braucht es auch gar keinen eigenen Wald mit trüffelgeimpften Bäumen. Denn nicht wahr ist auch, dass die Trüffeln so selten sind, dass es sie in Deutschland und Mitteleuropa nicht gibt. Das Internetportal *trueffelbaumschule.de* gibt in der Rubrik »Trüffelgeschichte« Auskunft darüber, dass Deutschland noch bis in die 1920er-Jahre ein Trüffel-Exportland war. Trüffeln gab es im Überfluss und das Land blickte auf eine große Trüffeltradition zurück. In Folge der Weltkriege – die Trüffelsuche war Männersache und viele Kundige kamen aus den Kriegen nicht zurück – ging wertvolles Know-how verloren und geriet in Vergessenheit.[17] Denn Trüffelwissen war, wir hörten es schon, Geheimwissen, das in den Familien weitergegeben wurde. Aber es gibt heute wieder Aufbrüche. 1993 berichtete der Mykologe Lothar Krieglsteiner, es gebe »nur noch 20 Trüffelstellen in Deutschland«. Zwei Jahrzehnte später hat sich ein richtiger Trüffelboom eingestellt und die Erkenntnis macht sich breit, dass es in Mitteleuropa Trüffeln in Hülle und Fülle gibt. Wie das zitierte Internetportal angibt, sollen zwischenzeitlich allein in Niedersachsen über 2.000 Trüffelstellen bekannt sein. Verschollen geglaubte oder neue Trüffelarten kommen zum Vorschein. Wahrlich, eine erfreuliche Nachricht für Pilzfreunde!

Kaiserlinge und andere Exoten

Doch gibt es in Europa noch mehr Vertreter des mykologischen Adels, von dem manche Arten so selten geworden sind, dass sie kein verantwortungsbewusster Sammler in die Pfanne werfen sollte. Wie Mahnmale der schwindenden Biodiversität stehen ihre Namen in den nationalen und internationalen Roten Listen bedrohter Arten. Den wunderschönen Königsröhrling etwa, den »noch edleren Bruder des Steinpilzes«, habe ich in der Kindheit noch regelmäßig bestaunt, und, um ehrlich zu sein, auch gegessen – seither (leider) nie wieder. Auch Birkenpilze und Rotkappen (Gattung *Leccinum*) waren einst häufiger. Die Reihe der in Deutschland, Österreich und anderen mitteleuropäischen Ländern gesetzlich geschützten Spezies ist lang. Neben den ersten Hauptakteuren dieses Kapitels, den Trüffeln, zählt auch der zweite Pilz, den wir hier in der Überschrift genannt haben, dazu, der Kaiserling, der Pilz der Cäsaren.

Als Inspirationshilfe für das Schreiben dieses Kapitels habe ich mir im Sommer 2016 gemeinsam mit meiner Frau einige Kaiserlinge gegönnt. In Salzburg wachsen sie leider nicht, und selbst wenn sie wachsen würden, dürften wir sie aus den eben dargelegten Gründen nicht sammeln. Ihre Heimat sind die mediterranen und warm-gemäßigte Regionen. Nördlich der Alpen tauchen sie nur gelegentlich und unstet auf, und dann auch nur in den klimatisch begünstigten Gegenden von Rheinland-Pfalz, Baden-Württemberg, Bayern und Hessen, in Österreich etwa im Südburgenland und in der Südsteiermark. Diese seltenen Vorkommen könnten eher kulturhistorische als natürliche Gründe haben[18] und auf Verschleppungen aus römischer Zeit zurückgehen, da sie auffällig vor allem entlang der alten Römerstraßen vorkommen.

Nun, unsere ersehnte Chance, an ein paar Kaiserlinge zu kommen, bot der Wochenmarkt *Schranne* vor dem Schloss Mirabell mitten in Salzburg. Jeden Donnerstag werden dort allerhand Waren von Landwirten der Umgebung angeboten. So auch an diesem Julitag, an dem uns eine Lieferung knackiger *Amanita caesarea* direkt aus Italien anlachte. Vier prächtige, noch geschlossene Exemplare, für 47 Euro pro Kilo, für die nun zum Zwecke der Wissenschaft unser Familienbudget herhalten musste. Normalerweise kaufe ich keine Wildpilze auf dem Markt, die pflücke ich selber, doch diesmal bot sich für mich die allererste Gelegenheit in meinem Leben, Kaiserlinge zu verkosten.

Alles in Butter – ein Pilzwettbewerb der besonderen Art

Am Vorabend hatten meine Frau und ich in einem Wald südlich von Salzburg einige junge Parasol- und Steinpilze gefunden. Ist der Geschmack des Kaiserpilzes wirklich so außergewöhnlich, fragten wir uns, und ergriffen die Chance für ein kulinarisches Stechen: Wir brieten leicht gesalzene Scheiben der drei Arten auf Butter an – auf die gleiche Weise und eine gleich lange Zeit. Es sollte eine Olympiade dreier Geschmacksgiganten werden!

Der Wettbewerb fiel eindeutig aus. Über den begehrten, wunderbaren *Boletus edulis*, den Steinpilz, würde niemand je ein böses Wort verlieren. Doch Wettbewerb ist Wettbewerb, und es kann nur einen Sieger geben. Wir beide entschieden ohne jegliches Zögern. Der Kaiserling gewann Gold, der Parasol Silber und Bronze der Steinpilz.

Ich weiß, dass man über Geschmack streiten kann. So stieß ich im Internet auf einen Blog, in dem über Kaiserlinge behauptet wurde, *der Pilz reiche bei weitem nicht an einen bestimmten Steinpilzsalat heran.* Doch wir blieben standhaft bei unserer Entscheidung: Der Kaiserling ließ den Steinpilz meilenweit hinter sich.

So hat sich die Investition für uns durchaus gelohnt und wir sind um eine große kulinarische Erfahrung reicher. Allerdings: 47 Euro für ein Kilogramm Pilze sind eine durchaus kaiserliche finanzielle Herausforderung für Normalsterbliche, die gewöhnlich nicht einmal an eine kleine Trüffelknolle zu denken wagen.

Aber es geht noch viel teurer! Es gibt mykologische Exoten, für die man auch schon einmal 20.000 oder gar 35.000 Euro für das Kilogramm hinblättern muss. Der als Heilmittel hoch geschätzte Chinesische oder – geographisch korrekter – Tibetische Raupenpilz dürfte eines der teuersten Schwammerl der Welt sein. Der im Hochland von Tibet endemische Pilz befällt die Larven eines Schmetterlings der Gattung *Thitarodes*. Die Raupen vergraben sich im Winter weniger tief im Boden als unbefallene Tiere. Im Frühling wachsen aus ihren Köpfen dann gestielte, braun gefärbte, schlanke, keulenförmige Sammelfruchtkörper, sogenannte Stromata, die etwa 8 – 15 Zentimeter Länge erreichen können und somit zwei- bis viermal so lang sind wie der befallene Wirt. Die Tibeter nennen ihn *Jartsa Gunbu*, wörtlich »Sommergras-Winterwurm«. Von der Raupe bleibt am Ende bis auf die Hülle nichts übrig, denn ihr Inneres ist vollständig vom Myzel des Pilzes ausgefüllt.

Raupenpilze als Wirtschaftsfaktor
Wann man auf die ausgefallene Idee gekommen ist, einen aus einer Raupe wachsenden Pilz als Medizin zu verwenden, lässt sich nicht mehr ermitteln; es gibt Hinweise darauf, dass dies in Tibet schon vor 1.000 Jahren üblich war. Den Tibetern diente der Pilz auch

als Tauschware gegen Tee und Seide und bis heute als Währung. Im Hochland von Tibet ist diese Geschichte mit Raupe und Pilz keine ausgefallene Kuriosität, sondern von größter wirtschaftlicher Bedeutung, die bedeutendste Einnahmequelle für Teile der Bevölkerung und ein enorm wichtiger Wirtschaftsfaktor in der Region. Der Handel mit dem Pilz macht 8,5 Prozent des Bruttoinlandsproduktes im autonomen Gebiet Tibet aus. Viele in der traditionellen chinesischen Medizin verwendete Arzneien mögen als höchst fragwürdig einzustufen sein, man denke nur an Präparate aus Tigerhoden oder Nashorn-Pulver. Doch zum Raupenpilz gibt es tatsächlich einige wissenschaftliche Erkenntnisse, die vielfache medizinische Wirkungen aufzeigen. Beta-Glucan und Cordycepin sollen die Pilze enthalten, die das Immunsystem positiv beeinflussen und – wie könnte es anders sein – gegen sexuelle Funktionsstörungen wirken. Doch Skeptiker halten die chinesischen Forschungsmethoden für fragwürdig und die Zahl der Probanden für zu gering. Pilzexperten warnen davor, dass sowohl Raupe als auch *Jartsa Gunbu* von Schimmelpilzen befallen sein könnten. Dadurch würde das Medikament zum Gift werden, was aber dem Glauben an die Heilkraft der Raupenpilze keinen Abbruch tut. Und seitdem die chinesische Wirtschaft wächst und dadurch die Nachfrage nach *Jartsa Gunbu* steigt, wuchern auch die Preise in völlig irrationale Sphären, wie Michael Finkel in einer Reportage von National Geographic berichtet. Während vor 40 Jahren ein Pfund Raupenpilze umgerechnet ein bis zwei Euro kosteten, stieg der Preis Anfang der 1990er-Jahre auf etwa hundert Euro. Heute werden für Raupenpilze in bester Qualität sage und schreibe bis zu 80.000 Euro je Kilogramm bezahlt.

Mach dich rar, dann wirst du interessant

Auch der in Japan begehrte und von Gourmets hochverehrte Matsutake, ein Ritterlingsverwandter, ist nicht gerade billig – nach den Raupenpilzen und Spitzentrüffeln der wohl drittteuerste Pilz überhaupt. Zwar bekommt man Importpilze aus China, Korea und sogar den USA je Kilogramm bereits für »bloße« 90 Euro, doch können Fruchtkörper in Abhängigkeit von Herkunft, Jahreszeit und Qualität – ideal sind noch geschlossene Hüte – bis zu 2.000 Euro pro Kilogramm erzielen, speziell wenn sie direkt aus Japan stammen. Seit mehr als 1.000 Jahren hat diese Art in der gehobenen japanischen Küche ihren festen Platz, hinzu kommt die nette gesellschaftliche Tradition der Japaner, besondere Wertschätzung durch ein Pilzgeschenk zum Ausdruck zu bringen.

Wie viele andere begehrte Wildpilze lässt sich auch der Matsutake, dieses Symbol für Glück, Fruchtbarkeit und Freude mit zimtig-würzigem Aroma, als strenger Mykorrhiza-Pilz von Kiefern nicht züchten. Jedenfalls gibt die Natur kaum mehr als 1.000 Tonnen im Jahr her.

Denn so ist es nun einmal. Die meisten begehrten Pilze lassen sich nicht züchten. Sie haben ihre Eigenheiten, was ihre Bedürfnisse an Symbiosepartner, Klimabedingungen und Standorten angeht. Die Häufigkeit ihres Auftretens ist darum begrenzt und obendrein lassen sie sich auch nur in der warmen Jahreszeit finden. Oder? Schauen wir einmal, ob nicht auch im Schnee der eine oder andere coole Pilz sein Hütchen hebt ...

Übrigens: Unter den Lebensmitteln noch teurer als Trüffeln, Raupenpilze oder Matsutake sind nur der Kaviar vom weißen Stör für 25.000 Euro pro Kilogramm und der Tee aus Panda-Kot, für den man für die gleiche Menge 54.000 Euro hinblättern muss.

Mit Schneeschuhen durch die Winterlandschaft

....

Man muss an alle Jahreszeiten denken.

Jean-Jacques Rousseau

Wann wachsen die *Schwammerln*? Manche Pilze richten sich nicht so sehr nach den Terminen, die in Büchern für ihr Wachstum angegeben werden. Viel wichtiger – und in Zeiten des Klimawandels von wachsender Bedeutung – sind für sie die Bedingungen, unter denen sie schon Monate vor dem Auftreten der Fruchtkörper ihr unterirdisches Pilzgeflecht entfalten können. Gibt es im Jahr ausreichend Wasser? Stimmt die Durchschnittstemperatur? Das sind die bedeutenden Fragen, durch die sich das Sein oder Nichtsein einer guten Pilzsaison entscheidet.

Daneben haben Pilze offenbar auch geheimnisvolle *innere Zyklen,* die sich nach Faktoren richten, die wir noch lange nicht alle verstehen. Jeder Pilzfreund kennt es aus leidvoller Erfahrung: Manchmal wachsen sie und dann wieder überhaupt nicht ... Jeder wird im Spätsommer und Herbst von der Sorge geplagt, Gelegenheiten zu verpassen, die unaufhaltsam vorbeiziehen, ohne auf einen zu warten, und erst im Jahr danach oder noch später wiederkehren. Und dazwischen, da liegt die kalte Jahreszeit, die Zeit der mykologischen Entbehrungen, in der scheinbar nichts geht. Oder ... gibt es doch Hoffnung?

Seit meiner Jugend ist mir das Buch des tschechischen Mykologen Anton Příhoda über das Kalenderjahr eines Pilzsammlers ans Herz gewachsen.[19] Seine Schilderungen über Pilzwanderungen im Verlauf der Jahreszeiten sind derart poetisch und mit so viel Liebe zu Pilzen und zur Natur geschrieben, dass sie mich seit mehr als vier Jahrzehnten inspirieren. Dieses Buch, dessen Seiten längst lose im Einband liegen, zumindest einmal im Jahr und meist gegen Ende des Winters einmal zu lesen, wurde mir zu einem liebgewonnenen Ritual. Die Sehnsucht danach, dass die Natur zum Leben erwachen möge, ist dann am größten – und irgendwann liegen die Verheißungen mykologisch besserer Zeiten in der Luft. *So wie sich die alten Jäger in der Jagdsaison im Oktober wieder jung fühlen, wenn sie die Drosseln im Ginster singen hören, vergesse ich Jahre und Sorgen, wenn ich an den Duft der Pilze denke, den die Septembersonne aus jener moosigen Suppe der ersten Regenfälle aufsteigen lässt,* schwärmt Piero Calamandrei. So wie der Hunger der beste Koch ist, so ist auch Sehnsucht ein wunderbarer psychologischer Gehilfe, weil er die Vorfreude auf etwas Geliebtes über das gewöhnliche Maß hinaus steigert. Und manchmal treibt diese Sehnsucht den Pilzfreund auch vor der Zeit hinaus.

Ein wunderbarer Winterpilz und sein Frostschutz
Am 24. Dezember 2015, als ich bereits Pläne für dieses Buch schmiedete, unternahm ich einen Spaziergang durch die Donauauen bei Wolfsthal östlich von Wien. Auf der anderen Donauseite liegen die Slowakei und ihre Hauptstadt Bratislava, das alte Pressburg. Es war ein milder Weihnachtstag ohne Schnee, wie wir es in den letzten Jahren immer öfter erleben. Der einstige Auwald hat größtenteils seinen ursprünglichen Charakter eingebüßt. Die Donau ist hier seit dem 19. Jahrhundert reguliert, und statt des Auenwaldes finden sich hier nun Hybridpappeln und Fichtenmonokulturen. Dennoch gibt es letzte Bereiche auenähnlicher Waldstücke, die beinahe naturnah aussehen.

Während ich ging, beobachtete ich vor allem die Bäume. Fruchtkörper von Pilzen sind in dieser Jahreszeit häufig an Holz zu finden. In einiger Entfernung fiel mir eine Esche auf, deren Stamm gelblich schimmerte. Pilzliebhaber kennen diese Vorahnung, diesen vagen Augenblick, bevor aus einem ersten Eindruck die Erkenntnis wird, einen Fund gemacht zu haben. So war es auch diesmal. Der gesamte Stamm der offensichtlich gesundheitlich angeschlagenen Esche war von unten bis vielleicht in vier Metern Höhe mit saftigen, glänzenden, ganz jungen Fruchtkörpern des wohlschmeckenden Samtfußrüblings bedeckt. Eine weihnachtliche Vorratskammer für die ganze Familie, mehr als genug für ein lukullisches Mahl in Form einer delikaten Pilzsuppe. Das samtig-filzige Kleid des an der Basis dunklen, faserig-zähen Stiels ist so typisch, dass eine Verwechslung eigentlich nicht möglich ist. Dennoch sollte der unerfahrene Sammler auf der Hut sein: Der weit verbreitete Gifthäubling kann bis in den Dezember hinein wachsen, in milden Wintern sogar das ganze Jahr über. Er tritt meistens zwar einzeln auf, gelegentlich aber auch in Büscheln und auch er wächst auf Laubholz. Sein Verzehr könnte in größeren Mengen fatal sein. Und auch unter den Schwefelköpfen (*Hypholoma*) mischen sich giftige Arten unter die essbaren. Harmlos wäre hingegen die Verwechslung mit dem wohlschmeckenden Stockschwämmchen. All die erwähnten Arten können bei milder Witterung bis zum Jahresende auftreten. Und alle wachsen auf Holz, das sich manchmal im Boden oder unter Moospolstern verstecken kann, sodass es für uns verborgen bleibt.

Der Samtfußrübling beginnt bereits im Oktober zu sprießen und ist dann in den milderen Wintern bis in den April hinein zu finden. Ein wetterfester Geselle ist er, ein echter Winterpilz im wahrsten Sinn des Wortes.

Vor dem ersten Frost zeigt er sich überhaupt nicht, weil er einen Kälteschock als Anreiz zur Fruchtkörperbildung benötigt. Damit ist er in guter Gesellschaft mit anderen Spätherbst- und Winterpilzen wie dem Frostschneckling und anderen Verwandten dieser Gattung, die entweder frostbeständig sind oder die die tiefen Temperaturen sogar zur Fruchtkörperbildung brauchen.

Weiden, Pappeln, Holunder, Eschen und manch anderen Laubbäumen verheißt das Auftreten des stark holzzersetzenden Samtfußrüblings nichts Gutes. Umso mehr Freude bereitet er den Sammlern. Man muss sich nicht einmal unbedingt durch undurchdringlichen und morastigen Auwald kämpfen. Oft wächst er in der Nähe menschlicher Ansiedelungen in Gärten und entlang von kleinen Bächen und Wegen.

Die honig- bis orangegelben, meist büschelig wachsenden Blätterpilze sind – man kann es ohne Übertreibung behaupten – weltberühmt. Erstens ist die Art ein partieller Kosmopolit und kommt von Europa bis nach Japan vor, doch auch auf der Südhalbkugel in Australien ist er zu finden. Ein ungewöhnliches Verbreitungsmuster. Fast jeder kennt in Japan den Pilz als *Enokitake* oder *Enoki*, ist er doch in jedem Supermarktregal zu finden. Jährlich werden an die 100.000 Tonnen *Enokitake* gezüchtet und verzehrt, womit er nach dem *Shiitake* den zweiten Platz als meistangebauter Speisepilz Japans besetzt. Die Zucht dieses Pilzes ist in Ostasien nichts Neues: Samtfußrüblinge zählten wahrscheinlich zu den ersten Pilzen, die der Mensch gezielt in Kultur genommen hat. Bereits in der chinesischen Tang-Dynastie (618 – 907) wurde er angebaut. Der Überlieferung nach war für seine Zucht nicht einmal besonderes Knowhow erforderlich: Man verrieb einfach reife Fruchtkörper auf vorher angeritztes Holz. Probieren Sie es einmal aus, wenn Sie einen passenden Garten mit den entsprechenden kranken oder abgestorbenen Gehölzen haben. Doch Vorsicht, auch gesunde Sträucher und Bäumchen könnten gefährdet sein.

Praktisch alle Arten von Zuchtpilzen sind saprophytisch, d.h. sie gedeihen auf abgestorbener organischer Materie. Doch sind die Grenzen zwischen Saprobionten und Parasiten oft fließend. Schmarotzer befallen anders als Saprophyten noch lebende Organismen. Pilze sind aber nicht wählerisch und schon gar nicht rücksichtsvoll. Sie beobachten ihr künftiges Opfer wie ein Lauerjäger und warten nicht auf dessen natürliches Ende. Vielmehr ergreifen sie ihre Chancen im erstbesten Moment, um geschwächte Gehölze anzugreifen. Auch der sympathische Samtfußrübling, der in der Regel als ein Folgezersetzer auf toten Stümpfen und Stämmen auftritt und dabei unter den Blätterpilzen besonders effektiv ist, befiel »meine Esche« als Schwächeparasit und hat ihr noch lebendes Holz als Pionier infiziert. Der Baum wirkte noch quicklebendig, und dennoch war er angeschlagen und dem Tode geweiht.

Aber trotz ihrer Fähigkeit, auch noch lebendes Holz zu besiedeln, sind Samtfußrüblinge keine gefürchteten Forstschädlinge. Das liegt daran, dass die von ihnen bevorzugten Laubgehölze wirtschaftlich weniger bedeutend sind und sich ihre *Aggressivität* im Vergleich zu manchen anderen Pilzarten in Grenzen hält.

Wie schaffen es Pilzfruchtkörper, durch Frost nicht zerstört zu werden?

Pilzkenner beobachten bestimmte Samtfußrüblings-Bäume und das von ihnen besiedelte Totholz oft einen ganzen Winter lang. Solange es nicht friert, entfalten sich die Fruchtkörper prächtig. Wenn strenger Frost kommt, sind sie immer noch da, stellen ihr Wachstum aber ein. Es macht den Eindruck, dass es mit ihnen aus ist und sie nach dem Auftauen verfaulen werden. Doch weit gefehlt: Der Frost kann diesen Fruchtkörpern offenbar nichts anhaben. Sie wachsen bei milder Witterung munter weiter, auch nachdem sie längere Zeit tiefgefroren waren.

Wissenschaftler haben herausgefunden, wie das möglich ist: Es wurden *Anti-Frost-Proteine* in Pilzen und Bakterien nachgewiesen, nachdem sie bereits seit Jahrzehnten in anderen Organismen intensiv untersucht wurden. Die AFPs, wie sie abgekürzt genannt werden, sind eine Gruppe von Eiweißen mit wahrlich bemerkenswerten Eigenschaften: Sie binden sich an Eiskristalle und verhindern die Rekristallisation und deren Wachstum. Jeder kennt es von Tiefkühl-Erdbeeren: Sie schmecken anders als frische und haben eine ganz andere Konsistenz, denn ihre Zellen wurden durch Eiskristalle beschädigt. Unkontrolliert im Gewebe und in Zellen wachsende Eiskristalle führen unweigerlich zum Tode von Lebewesen, die tiefen Temperaturen ausgesetzt sind. Darum wurden in der Evolution unabhängig voneinander mehrmals natürliche Frostschutzmittel entwickelt. Sie funktionieren alle gleich – doch ganz anders als die technischen Frostschutzmittel, die menschlicher Erfindergeist entwickelt hat. Denn diese müssen in relativ hohen Konzentrationen der zu schützenden Flüssigkeit beigemengt werden. Bei den Anti-Frost-Proteinen oder auch eisstrukturierenden Proteinen der Natur reicht der 300. bis 500. Teil des Substrates, um ihre Träger vor Frostschäden zu bewahren. Sie verbinden sich auf unnachahmliche Weise mit der Oberfläche der entstehenden Eiskristalle und stoppen ihr Wachstum bzw. senken den Gefrierpunkt.

Bisher wurden die *ice-structuring proteins* in verschiedenen Wirbeltieren, Pflanzen, Pilzen und Bakterien entdeckt. Ein enormer Vorteil ihrer Wirksamkeit bei niedrigen Konzentrationen ist, dass sie keinen wesentlichen Einfluss auf den osmotischen Druck innerhalb der Zellen haben.

Wie genau Anti-Frost-Proteine funktionieren, ist weiterhin Gegenstand intensiver Forschung. Die Wirkweise kann von Art zu Art unterschiedlich sein und wird bislang nicht restlos verstanden. Was man aber weiß: Frostschäden werden minimiert, Zellmembranen stabilisiert und die Rekristallisation verhindert. Die Primärstruktur dieser Proteine unterscheidet sich, doch ihre dreidimensionale Form, die sogenannte Tertiärstruktur, ist ähnlich. Das erklärt auch ihre vergleichbare Wirkung.

Angefangen hat die Suche nach des Rätsels Lösung in den 1950er-Jahren, als sich Per Fredrik Scholander fragte, wie arktische Fische im Wasser überleben können, dessen Temperatur unter dem Gefrierpunkt ihres Blutes lag. Heute wissen wir, dass auch Pilze auf einen solchen Schutz zurückgreifen. Überhaupt wurde der Samtfußrübling ein beliebtes Objekt der wissenschaftlichen Forschung und schaffte es sogar bis in den Weltraum. Dieser Astronaut unter den Pilzen nahm 1993 an einer Spacelab-Mission teil und half seinen menschlichen Kollegen zu verstehen, wie sich die Schwerkraft – bzw. ihr Fehlen – auf das Wachstum höherer Pilze auswirkt.

Auch der wunderschön gefärbte Violette Rötelritterling kann bis tief in den Winter hinein wachsen. Seine Farbe verleitet dazu, ihn als Rotkohlersatz roh in Salate zu schneiden. Das sollte man aber auf keinen Fall tun: Roh ist der Pilz, wie sehr viele andere Speisepilze eben auch, giftig. Aber seine Toxine sind thermolabil und zerfallen bei einer Wärmebehandlung. Vorgekocht und abgekühlt darf er also einen bunten Akzent in der Salatschüssel setzen.

Über Judasohren und Austernpilze

Bei aller Euphorie für die ausgefallenen Pilze der kalten Jahreszeit muss man aber zugeben, dass es mit den mykologischen Abenteuern irgendwann (fast) vorbei ist. Kaum jemand würde bei 20 Grad Celsius unter Null unter meterdicker Schneedecke nach Pilzen suchen. Nur die mehrjährigen oder auch langlebigen Baumpilze sind dann mit einem Schneehäubchen verziert zu sehen, doch eignen sie sich mit ihrer holzartigen Konsistenz nicht zum Verzehr, sondern höchstens als Medizin oder zum Feuermachen.

Wir wissen allerdings bereits, dass der Eindruck, die Pilze seien aus der tief winterlichen Landschaft verschwunden, ungenau bzw. falsch formuliert ist. All die Pilze, die wir lieben, und auch ihre giftigen Doppelgänger, sind genauso da wie zur besten *Schwammerlzeit*. Doch tröstet diese Erkenntnis den eingefleischten Pilzsucher nur wenig. Er sehnt sich nach dem Ende des Frostes, nach ersten Anzeichen des Frühlings. Aber er sollte die Hoffnung auch nicht aufgeben. Neben dem Samtfußrübling können wir selbst im Januar und Februar bemerkenswerte Pilze finden und auch verspeisen. So zum Beispiel einen *Gong Bao Ji Ding*, besser bekannt als *Kung pao*, den wir beim Asiaten um die Ecke finden.

Das nahezu weltweit verbreitete Judasohr ist aus der asiatischen Küche kaum wegzudenken. Vielleicht fischen Sie am Büffet in chinesischen Restaurants auch immer die dunklen Pilze extra heraus? Den trostspendenden Winterpilz nennen die Chinesen Mu-Err, was

»Holzohr« oder »Baumohr« bedeutet. Seine Form und Beschaffenheit ist so außergewöhnlich, dass sie sowohl in Asien als auch in Europa zu einer ähnlichen Namensgebung geführt haben. Unter Christen inspirierte der vermeintliche Verräter des Heilands Judas Ischarioth den Erstbeschreiber, da sich der Apostel der Legende nach an einem Holunderbaum erhängt haben soll, nachdem Jesus verurteilt worden war. Und da Judasohren besonders gern an diesem Gehölz wachsen und wie Ohren aussehen, erhielten sie diesen deutschen Namen und werden auch wissenschaftlich als *Auricularia auricula-judae* bezeichnet. Allerdings findet sich hier oft noch die geheimnisvolle Formel *(Bull.: Fr.) Quél.*, mit der die meisten Nichtbiologen nur wenig anfangen können. Dabei handelt es sich lediglich um Namenskürzel jener Naturforscher, die sich nach den verwirrenden Regeln der Taxonomie und Nomenklatur an der Beschreibung und Namensgebung dieser Art beteiligt haben. In diesem Fall waren es die berühmten Mykologen Jean Baptiste François Pierre Bulliard, Elias Magnus Fries und Lucien Quélet.

Getrocknete Judasohren, die man in jedem gut sortierten Supermarkt im Regal mit den Spezialitäten asiatischer Küche findet, werden in der Regel nicht bei uns gesammelt, sondern aus Vietnam importiert. Wenn man sie ins Wasser legt, quellen sie auf ein Vielfaches der Größe und Masse des Trockenzustands auf. Irgendwie erinnern sie in ihrer Beschaffenheit dann an frische Meeresalgen. Viel Eigengeschmack haben sie nicht, dafür nehmen sie umso mehr den einer Soße und eines Gerichts an, in dem sie verarbeitet werden.

Nicht nur in der Küche, sondern auch in der Medizin setzen die Chinesen Judasohren ein. Sie sollen den Cholesterinspiegel senken, entzündungshemmend wirken, bei Arteriosklerose und bei Kreislaufproblemen helfen, da sie die Fluidität, die Fließfähigkeit des Blutes verbessern und das Immunsystem stärken.[20] Auch das Judasohr, ein Weißfäuleerreger, ist ein Schwächeparasit von lebenden Bäumen, doch kann er auch auf bereits abgestorbenem Holz wachsen. Seine Lieblinge sind, wie gesagt, Holunderbäume, häufig findet man sie im Winter in auwaldähnlichen Lebensräumen. Und sie tauchen sogar in der tief verschneiten Landschaft auf: Sie sind frostbeständig und erscheinen selbst im tiefsten Winter unter dem Schnee.

Des einen Freud', des andern Leid
Ein weiterer Vertrauter, der den Pilzverliebten im tiefsten Winter erfreuen kann, ist der nahezu weltweit verbreitete Austernpilz oder Austern-Seitling. Wie die zuvor erwähnten Gesellen ist er entweder als Saprobiont auf Totholz oder als Schwächeparasit hauptsächlich an Laubhölzern zu finden. Er ist ein echter Winterpilz, der für die Entwicklung der Fruchtkörper einen Kälte-Anreiz von unter 11 °C braucht und anschließend selbst bei Minusgraden Sporen bilden kann. Seine gezüchtete Form finden wir heute zwar in jedem Einkaufsregal (manchmal als Kalbfleischpilz oder unter anderen Fantasienamen), doch eigenhändig im Wald gesammelt, sind sie dann doch etwas Besonderes.

So freut sich der Pilzsammler über die Austernpilze, während der Förster sich über sie ärgert und die Älchen gar in Panik geraten. Nein, hier geht es nicht um kleine Aale, sondern um Fadenwürmer, Nematoden, die zu den wichtigsten Bodenorganismen zählen. Wir haben bereits die Fähigkeit mancher Pilze erwähnt, mit einem Lasso aus Hyphen Fadenwürmer zu fangen. Auch der Austernseitling ist so ein Spezialist: Er produziert Toxine, welche die Nematoden lähmen oder gleich töten; dann können die Pilzfäden ungestört in ihr Opfer hineinwachsen und es sozusagen aussaugen. Unzählige kleine Dramen spielen sich da also im winterlichen Waldboden ab, über den wir spazieren. Zum Glück für den Naturfreund können Fadenwürmer nicht schreien. In der weltweit betriebenen Zucht werden Austernpilze freilich nicht mit Fadenwürmern gefüttert. Sie sind nicht wählerisch und begnügen sich mit nahezu jedem organischen Substrat, von Holz angefangen über Stroh, Sägemehl, verschiedenste pflanzliche Abfälle bis hin zu Fruchtfleisch von Kaffeebohnen oder gar Kaffeesatz, Getreidekörnern und sogar Papier.

Neben dem Kulturchampignon und Shiitake sind Austernseitlinge die wichtigsten Zuchtpilze, deren weltweite Produktion einige Millionen Tonnen beträgt. Sie werden nicht nur gegessen, sondern zunehmend auch als Heilmittel der alternativen Medizin eingesetzt. Übrigens können Sie sich den Weg zum Supermarkt oder in den Wald sparen und eine eigene Austernpilzkultur für 23,50 Euro im Internet bestellen. Die Werbung verspricht: *Die bereits vorbereiteten Fertigkulturen ermöglichen Ihnen den schnellen und unkomplizierten Anbau dieser Pilzart.*

Es würde jetzt zu weit führen, alle essbaren und ungenießbaren Pilzarten aufzuzählen, auf die wir im Winter stoßen könnten. Je nach Winterverlauf schmückt beispielsweise der Scharlachrote oder Zinnoberrote Kelchbecherling oder einer seiner Verwandten den kahlen Boden von feuchten Auwäldern. Er wird nicht gegessen, wie bei vielen anderen Pilzarten heißt es in den Bestimmungsbüchern »Speisewert unbekannt« und »kein Speisepilz«. Offenbar hat es noch keiner probiert. Durchaus möglich, dass seine knallrote Farbe eher abschreckend wirkt. **183**

Im Frühling erwachen Natur und Pilze zum Leben
Die erste Wanderung im zaghaft beginnenden Frühling,
wenn sich auf warmen Hängen unter dem Schnee die
ersten weißlich bis grauschwärzlichen Fruchtkörper von
Märzenschnecklingen oder März-Schnecklingen (*Hygrophorus marzulosus*) zeigen, weckt unsere Lebensgeister. Sogar die erste ordentliche Pilzmahlzeit des neuen
Jahres könnte ins Haus stehen. Seinen Verwandten,
den Frostschneckling, haben wir bereits in der kalten
Jahreszeit kennengelernt, und es gibt eine ganze Reihe
von Arten in dieser Gattung, die sich durch viel Wasser im Fruchtkörper auszeichnet: *hygro* bedeutet feucht
und *phorus* tragend. *Hygrophorus* ist somit ein Feuchtigkeitsträger. Wenn wir nach einem der ersten Pilze
der Saison suchen, müssen wir zumindest keine besondere Sorge wegen möglicher Verwechslungen haben:
Der Schneepilz, wie er auch genannt wird, ist allein auf
Grund seines frühen Erscheinens kaum verwechselbar.

Der Mykorrhiza-Partner erscheint in sehr milden
Wintern schon im Januar, sonst aber ab der zweiten
Märzhälfte unmittelbar nach der Schneeschmelze. Regional unterschiedlich finden wir ihn in artenreichen
Bergmischwäldern unter Nadelbäumen und einigen
Laubbäumen wie Weißtannen, Fichten, Kiefern und
Rotbuchen, in wärmeren Regionen unter Esskastanien,
Eichen und Zedern.

Ebenfalls schon während milder Winter, spätestens
aber während der Schneeschmelze ab Februar, tauchen
öfter Fichtenzapfenrüblinge auf, deren Artbeiwort *esculentus* darauf verweist, dass sie essbar und mild schmeckend sind. Wo es Fichtenzapfen und genug Feuchtigkeit
gibt, ist diese europäische Art überall anzutreffen. Doch
ist diesmal beim eventuellen Konsum mykologisches
Fachwissen gefragt, denn auf dem gleichen Substrat

und zur gleichen Zeit können auch ähnliche Fichtenzapfen-Helmlinge auftauchen, die unangenehm nach Chlor riechen und ungenießbar sind.

Diese winterliche Waldführung könnten wir noch lange fortsetzen. Den besonderen Reiz von Pilzwanderungen in der kalten Jahreszeit macht die relative Seltenheit essbarer Pilze aus. Die Suche muss geplant werden und benötigt ein gewisses ökologisches Know-how. Im nächsten Kapitel wenden wir uns nun einer noch viel ungewöhnlicheren Pilzsuche als jener im Winter zu. Packen Sie bitte schon einmal Ihre Tauchermaske und den Schnorchel aus. Für die nachfolgend vorgestellten Fungi spielt die Jahreszeit keine Rolle. Sie sind omnipräsent, jedoch meist von uns unbemerkt und unerkannt. Ob Sie im Meer oder im Süßwasser tauchen wollen, bleibt Ihnen überlassen: Pilze gibt es nämlich in jedem Gewässer …

Wir glauben, dass marine Pilze
nicht nur in der Wassersäule und am Meeresboden
ein wichtiger Bestandteil der Meeresökosysteme sind …
Magnus Ivarsson, Schwedisches Museum für Naturkunde

Die meisten Menschen – das trifft selbst auf manch altgediente Biologen und Professoren dieses Fachs zu – haben noch nie von Pilzen im Meer gehört. Und doch gibt es sie in marinen Lebensräumen so gut wie überall und in unfassbaren Mengen. Dort erfüllen sie ihre lebenswichtigen Aufgaben in den Stoffkreisläufen und Nahrungsnetzen der Natur ebenso effektiv wie an Land. Magnus Ivarsson meint sogar: *Sie könnten die häufigsten komplexen Einzeller im Meeresboden … und auch in untermeerischen Basalten verbreitet sein. Pilze wären dann Teil der tiefen Biosphäre, und damit wären diese Ökosysteme sehr viel komplexer als gedacht.* Es liegt auf der Hand, dass man sich marine Pilze nicht wie aquatische Äquivalente von Steinpilzen, Parasolen und Pfifferlingen vorstellen darf. Als Mikroorganismen zeigen sie sich in der Regel erst unter dem Mikroskop – und das auch nur Experten, die mit dem nötigen Knowhow ausgestattet sind. Nur sie wissen, wo und wie sie nach ihnen suchen müssen. Anders als die marinen Pilze selbst sind solche Fachleute eine äußerst seltene Gattung …

Überlebenskünstler im Toten Meer

Das Tote Meer, dessen Wasseroberfläche fast 430 m unter dem Meeresspiegel liegt, ist eigentlich kein Meer, sondern ein salzhaltiges Binnengewässer. Es kann uns helfen zu verstehen, mit welch extremen Lebensbedingungen Pilze zumindest temporär fertig werden. Sogar aus seinem Wasser wurden Arten wie *Gymnascella marismortui* isoliert, und man kann sich nur wundern, wie diese mit den enormen Salinitäten in diesem »nicht mehr Lebensraum« fertig werden können. Denn im Toten Meer messen wir bis zu 34 Prozent Salzgehalt – etwa zehnmal mehr als im normalen Meerwasser – und einen pH-Wert von 6,0. Die genannte *Gymnascella*-Art ist sogar im Toten Meer endemisch und kommt vermutlich nirgendwo sonst vor. Zwischenzeitlich wurden bereits an die 70 Pilzarten aus dem Ökosystem »Totes Meer« isoliert, was den Sinn der altehrwürdigen Namensgebung doch etwas relativiert. Lange war bekannt, dass gelegentlich auftretende »Algenblüten« durch die einzellige Grünalge *Dunaliella* und rot gefärbte Archaea verursacht werden, wie es in den Jahren 1980 und 1992 der Fall war. Doch dass an die 70 Spezies von Oomycota (Chromista), Mucoromycotina, Ascomycota und Basidiomycota ebenso beteiligt sind, wusste man nicht. Vertraute Namen tauchen im fälschlich so bezeichneten Toten Meer auf: *Aspergillus terreus, Penicillium westlingii, Cladosporium cladosporioides, Eurotium herbariorum* und viele andere. Je verdünnter das Wasser ist, etwa in Bereichen der extrem mageren Zuflüsse, desto leichter fällt den Pilzen das Überleben und desto länger schaffen sie es. Aber selbst im reinen Totmeerwasser schafften es manche Arten bis zu acht Wochen lang!

Erst um die Jahrtausendwende wurden in Salinen – Anlagen am Meer, in denen durch Verdampfung vom Meerwasser Salz gewonnen wird – Pilze wie *Debaryomyces hansenii, Hortaea werneckii* und *Wallemia ichthyophaga* entdeckt, doch auch Vertreter der gut bekannten Gattungen *Cladosporium, Penicillium* und *Aspergillus* können die hypersalinen Bedingungen ertragen. Bis in die jüngste Zeit herrschte die Meinung vor, dass nur Prokaryoten (Bakterien und Archaeen) mit solchen Salzgehalten und osmotischen Belastungen fertig werden können. Der osmotische Rekordhalter scheint nach derzeitigem Wissen der Basidiomycet *Wallemia ichthyophaga* zu sein, der erst bei 15 Prozent Salinität beginnt, sich so richtig wohl zu fühlen. Heute darf er daher als Modellorganismus der Biologie eine wichtige Rolle spielen.

Ein Hutpilz unter Wasser
Allerdings gibt es von der Regel, dass man sich aquatische Pilze nicht wie Steinpilze, Parasole oder Pfifferlinge vorstellen sollte, auch Ausnahmen. Erst 2005 wurde ein bemerkenswerter Vertreter entdeckt[21], der wie ein »normaler« Pilz aussieht und tatsächlich unter Wasser zu leben scheint. Fünf Jahre später folgte durch Frank und Coffan die wissenschaftliche Beschreibung der ungewöhnlichen Spezies als *Psathyrella aquatica*. Molekulare Studien bestätigten die Eigenständigkeit der Art, und die Wissenschaft war so begeistert, dass das *International Institute for Species Exploration* den einzigartigen Pilz als eine der jährlichen Top 10 der neuentdeckten Arten des Jahres 2011 gewählt hat. *Psathyrella aquatica* unterscheidet sich auf den ersten Blick nicht wirklich von anderen Hutpilzen, ist aber die erste der Wissenschaft bekannte Lamellenpilzart, die in bis zu einem halben Meter Tiefe in fließendem Wasser ihre Fruchtkörper bildet. Diese scheinen dauerhaft unter Wasser zu bleiben und halten sogar starke Strömung aus. Unter Wasser werden auch die dunklen Sporen abgegeben.

Viele Wissenschaftler glauben heute, dass sich Pilze ursprünglich im Meer entwickelt haben, doch unterscheiden sie *primär* und *sekundär marine* Verwandtschaftskreise. Erstere haben das marine Milieu im Laufe der Evolution nie verlassen, während Letztere sich vom Meer auf das Land entwickelten, um dann sekundär wieder dorthin zurückzukehren. Einen solchen stammesgeschichtlich erstaunlichen »Lebenswandel« hatten viele Gruppen von Lebewesen, nicht bloß Pilze. Man nehme etwa manche Schildkröten als Beispiel, die in der Evolution mehrmals zwischen Land- und Wasserleben hin und her pendelten.

Die Größe der Zellen mariner Pilze bewegt sich zwischen 2 und 200 Mikrometern; selten werden Strukturen wie Fruchtkörper und langgestreckte, mehrzellige Hyphen von einigen Millimetern gebildet. Die Strukturen aquatischer Pilze sind also deutlich kleiner als diejenigen der terrestrischen Verwandten. Nicht ihre Größe ist es darum, die beeindruckt, sondern ihre Bedeutung für die Ökosysteme, die ebenso unermesslich sein dürfte wie jene der Landpilze. Die Dichte der im Meer anzutreffenden Pilze oder ihrer Stadien erreicht beachtliche Werte von bis zu mehreren hunderttausend Individuen pro Liter Meerwasser oder Sediment.

Meerespilze sind keine Hirngespinste

Steinig war aber der Weg jener Forscher, die sich aufmachten, diese Erkenntnisse zu gewinnen, als die meisten ihrer Kollegen marine Pilze noch für Hirngespinste hielten. Die Pioniere der marinen Mykologie mussten ihr Umfeld zuerst einmal von der Richtigkeit ihrer Behauptungen überzeugen.

Zu den deutschsprachigen Vorkämpfern dieser Forschung zählt Karsten Schaumann, der bereits 1969 als diplomierter Biologe über *Marine Höhere Pilze von Holzsubstraten der Nordsee-Insel Helgoland* berichtete. Die Diskussion seiner Arbeit – jener obligatorische Schlussteil aller wissenschaftlichen Publikationen, in dem man die eigenen Ergebnisse mit jenen anderer Wissenschaftler vergleicht –, fiel ihm nach eigenen Angaben am schwersten. *Da von anderen Autoren bisher keine diesbezüglichen Veröffentlichungen vorlagen*, schrieb er, *ließen sich auch keine Vergleiche führen, die eventuell einen kritischen Hinweis hätten geben können.* Stolz präsentierte Schaumann in seiner Arbeit 26 Arten von höheren marinen Pilzen, von denen bis auf wenige Ausnahmen alle neu waren. Darunter waren 18 Ascomyceten und 8 Deuteromyceten. Bald schon waren an die 450 Arten von Meerespilzen beschrieben, darunter sieben Gattungen und zehn Arten Basidiomyceten sowie 177 Gattungen und 360 Arten Ascomyceten.

Als junger Biologe wusste ich über marine Pilze trotz meines Studiums der Meereskunde genauso viel wie die meisten meiner Kollegen zu jener Zeit – so gut wie nichts. Es war gerade Karsten Schaumann, der eine diesbezügliche wissenschaftliche Initiation durchführte und mir im Jahre 2000 die Geheimnisse der marinen Fungi näherbrachte. Mit Stolz durfte ich anschließend mit diesem Meister des Fachs an einem Buchkapitel über Meerespilze in einem Werk über das Mittelmeer mitschreiben.[22] Seitdem halten mich marine Pilze in ihrem Bann, und es war gar keine Frage, dass sie in diesem Buch zumindest kurz Erwähnung finden müssen – gerade weil sie sich so völlig andersartig darstellen als der klassische Fliegenpilz beim Waldspaziergang und vor allem, weil das Wissen über marine Fungi für die meisten Leser neu sein dürfte.

Heute ist alles viel einfacher: Wer sich einen genaueren Überblick über die wenig bekannten Meerespilze verschaffen möchte, kann unter *marinespecies.org* nachrecherchieren. Unter »Kingdom Fungi« finden sich mit Stand Ende 2016 rund 1.370 Arten, davon 979 Ascomycota, 56 Basidiomycota, 40 Chytridiomycota sowie weitere Verwandtschaften unsicherer Zuordnung.

Pilze in der tiefen Biosphäre

Welche Geheimnisse in diesem Zusammenhang noch auf ihre Entdeckung warten, deuten Berichte des oben genannten Magnus Ivarsson aus Stockholm an.[23] Seine Institution untersucht Bohrkerne, die aus größeren Tiefen rund um Hawaii vom Meeresgrund heraufgeholt wurden. Den Forschern sind dabei Mikrofossilien von fadenförmigen Organismen aufgefallen, die sie für Bakterien hielten. *»Was sollte auch anderes dort unten leben?«*, fragte Ivarsson. *Schließlich steckten sie im Basaltgestein, das aus einer Tiefe von 150 bis 900 Metern unter dem Meeresboden stammt. Jetzt haben wir diese Mikrofossilien mit der Synchrotron-Tomografie und speziellen Färbetechniken näher analysiert und halten sie nicht mehr für Bakterien, sondern möglicherweise für Pilze.*

Wenn schon der Wald mit seinen Pilzen mystisch anmutet, dann erst die sogenannte *tiefe Biosphäre*, um deren Erforschung es in der Arbeit von Ivarsson geht. *Tiefe Biosphäre* – das ist die weitgehend noch völlig unbekannte belebte Biosphäre der Erdkruste. Bis zur Mitte des 19. Jahrhunderts hielten selbst die besten Wissenschaftler der Welt die Tiefsee vor dem Hintergrund der sogenannten »azoischen Theorie« für unbelebt. Nach dieser Theorie konnte in dieser kalten Tiefenregion mit hohem Druck und ohne Licht einfach kein Leben existieren. Doch seitdem weiß man, dass sich in den oberen Schichten von Sedimenten im Ozeanboden Leben findet. Dass aber endolithische Mikroorganismen in Granit oder eben in Basalten der Tiefsee leben, ist noch viel überraschender. Diese Lebensgemeinschaft der tiefen Biosphäre besteht hauptsächlich aus Bakterien, Archaeen und Viren. Und – wie man heute weiß – aus Pilzen.

In der Unterwelt der Ozeane

Die neuen Entdeckungen eröffnen uns Einblicke in die *Unterwelt*. Kilometertief in die Erdkruste hinein erstreckt sich ein Lebensraum, von dem wir bisher keine Ahnung hatten. Hier leben thermophile Archaeen bei einer Maximaltemperatur von über 110 °C. Erst in einer Tiefe von vielleicht fünf Kilometern in der ozeanischen Erdkruste und zehn Kilometern in der kontinentalen dürfte es dann mit dem Leben definitiv aus sein. Irgendwann ist eben doch die Grenze der Biosphäre erreicht. In dieser Unterwelt könnten sich Schätzungen zufolge 30 bis 50 Prozent der Biomasse des Planeten verstecken.

Magnus Ivarsson erklärt: *Wir glauben, dass marine Pilze nicht nur in der Wassersäule und am Meeresboden ein normaler und wichtiger Bestandteil der Meeresökosysteme sind. DNA-Studien deuten darauf hin, dass Pilze die häufigsten komplexen Einzeller im Meeresboden sein könnten. Und aufgrund unserer Untersuchungen denken wir jetzt, dass sie auch in untermeerischen Basalten verbreitet sind. Pilze wären dann Teil der tiefen Biosphäre, und damit wären diese Ökosysteme sehr viel komplexer als gedacht. Dort unten leben nicht nur Bakterien und Archaeen.*

Irgendwie ist es leichter vorstellbar, dass archaische Prokaryoten ohne Zellkern, Bakterien und Archaeen, in der Unterwelt überleben können, denn sie waren die Pioniere des Lebens auf diesem Planeten, als die Erde noch ganz anders aussah. Aber Pilze sind komplexe Eukaryoten, Lebewesen mit Zellkernen, und wir haben bereits mehrfach gehört, dass sie mit Tieren näher verwandt sind als mit Pflanzen.

Verblüffende neue Einsichten tun sich auf. Nicht nur die *Unterwelt des Waldes* ist voller Pilze, sondern auch die *Unterwelt der Ozeane*. Wie die Bohrkerne zeigen, haben sie vor Jahrmillionen in den kalkgefüllten Spalten der vulkanischen Basalte in der Nähe hydrothermaler Aktivität gelebt. Nun versucht man, mehr lebende Vertreter solcher Pilze zu finden. Dass Pilze zumindest in der Umgebung von hydrothermalen Quellen am Meeresboden vorkommen können, ist allerdings schon länger bekannt. Wenig überraschend finden sich in den Extremlebensräumen verschiedene Chytridiomycota und weitere bisher kaum bekannte urtümliche Pilzverwandte. Sie könnten neue Einsichten in die frühe Evolution der Pilze sowie Erkenntnisse über die ökologischen und physiologischen Tricks dieser extremophilen Eukaryoten liefern.

Symbiosen und feindliche Übernahmen

Doch nun wieder zurück an die Meeresoberfläche: Auch Betreiber von Aquakulturen müssen sich mit Pilzen beschäftigen. Denn in den Gattungen *Lagenidium, Haliphthoros, Halocrusticida, Halioticida, Atkinsiella* und *Pythium* lauern pathogene Formen, welche Muscheln und Schnecken ihrer Zuchten befallen. *Fusarium, Ochroconis, Exophiala, Scytalidium, Plectosporium* und *Acremonium* schaden zusätzlich auch Fischen. Ob man will oder nicht, ob Züchter oder Wissenschaftler, an den marinen Pilzen kommt man nicht vorbei.

Und auch jene, die sich mit den ökologisch so bedeutenden Meeresalgen befassen – Braun-, Rot- und Grünalgen sind entscheidende Primärproduzenten des marinen Ökosystems –, wenden ihre Aufmerksamkeit zunehmend den Pilzen zu: Denn bisher war nicht bekannt, dass Makroalgen überhaupt Pilze als Endosymbionten beherbergen können.[24] Die Forschung steht hier zwar noch ganz am Anfang, es deutet sich aber jetzt schon an, dass in ihr ein riesiges Potenzial steckt, denn die Pilze dienen ihren Partnern unter anderem damit, dass sie krebshemmende, antibakterielle, antimykotische, larvizide, antioxidative und weitere bioaktive Stoffe produzieren. In Südindien fand man in einer Meeresalge einen Pilz aus der Gattung *Fusarium,* der wirksame Metabolite gegen Malaria herstellt und im menschlichen Blut den Erreger der lebensgefährlichen Malaria tropica, *Plasmodium falciparum,* bekämpft. Zwischenzeitlich sind aus Meeresalgen zahlreiche Pilzsymbionten bekannt geworden – ein faszinierender Forschungsbereich: Die Natur, das ist nicht nur Fressen und Gefressenwerden, die Natur ist in wesentlicher Hinsicht auch auf Kooperationen zum beiderseitigen Nutzen gegründet.

Pilze in Korallenriffen

Nicht minder bedeutend ist die Rolle der Pilze in den so schönen und artenreichen Korallenriffen. Fungi treten hier als Endobionten, als Pathogene in Korallen, als Teil des Endolithions (Organismen, die im Kalkgestein bohren bzw. leben) und als Saprobionten auf, die in toter, sich zersetzender organischer Substanz leben. Obwohl bohrende, endolithische Fungi bereits 1973 beschrieben wurden, hat man ihre volle Bedeutung im Ökosystem Riff erst nach und nach erkannt. In allen vorstellbaren symbiotischen bis parasitischen Wechselwirkungen spielen Pilze im Riff eine wichtige Rolle. Schon seit Jahrzehnten ist die unheilvolle Korallenbleiche (*coral bleaching*), das Ausbleichen und Absterben von riffbildenden Steinkorallen, ein großes Thema des Meeresschutzes, doch hängt dieses unerfreuliche Phänomen nicht ausschließlich mit der steigenden Temperatur des Wassers zusammen. Wenn die Immunität der Korallen durch schädliche, vom Menschen verursachte Umwelteinflüsse geschwächt ist, werden sie durch eine Vielzahl von Pathogenen bedroht, und dazu gehören auch mikroskopisch kleine Pilze.

Meerespilze in der Medizin

Zahlreiche renommierte Institute widmen sich heute weltweit der Suche nach pharmazeutisch wirksamen Stoffen aus marinen Pilzen. Oft sind Pilze mit Schwämmen und anderen Wirbellosen assoziiert. Nicht anders als an Land kann dies zum beiderseitigen Nutzen im Rahmen einer Symbiose geschehen. Dann ist es manchmal schwer herauszufinden, welcher der Partner einen bestimmten Stoff eigentlich herstellt. Zahlreiche vielversprechende Wirkstoffe werden heute genauer unter die Lupe genommen, doch ihr Weg in die klinische Praxis ist lang und steinig. Auch wenn man längst weiß, dass Isolate mariner Pilze biologisch aktiv sind, ist es eine Sisyphos-Aufgabe, die einzelnen Wirkstoffe und deren Wirkprinzipien herauszufinden.

Wissenschaftler der Christian-Albrechts-Universität in Kiel, die im Mittelmeer forschen, berichten, dass sie den Pilz *Scopulariopsis brevicaulis* aus einem Schwamm isolieren konnten. Seine Peptide hemmten im Laborversuch das Wachstum von Bauchspeicheldrüsen- und Darmkrebszellen. Den Forschern gelang es mittels Genomanalysen, die entsprechenden Gene zu identifizieren, nun können die Peptide synthetisch hergestellt und modifiziert werden. Längst unterstützt auch die EU die Forschung an den marinen Fungi. Den tumorhemmenden Stoffen aus Pilzen aus dem Meer könnte ein Teil der Zukunft gehören.

Wer aber in einem Lehrbuch der biologischen Systematik nach *Marinen Fungi* sucht, wird nicht fündig werden. Eine solche eigenständige, systematisch-taxonomische Gruppe gibt es nicht. Vielmehr sind die geheimnisvollen kleinen Wesen eine ökophysiologisch definierte Gruppierung aus Arten, die zwar nicht näher miteinander verwandt, aber doch alle Fungi sind, im Meer leben und sich an den Stoffumsetzungen ihrer Habitate aktiv beteiligen. Es gibt *obligat marine Pilze*, die ausschließlich im Meer wachsen und sich nur dort vermehren, *fakultativ marine Pilze*, die außer im Meer auch in anderen Lebensräumen vorkommen, und schließlich eine letzte Gruppe, die etwas kompliziert klingt. *Marine Pilzisolate* wurden zwar lebens- und wachstumsfähig aus dem Meer isoliert, aber ihre aktive Beteiligung an den Stoffumsetzungen im Meer ist noch fraglich.

Und dann bringen Wind und Wasser Sporen typischer Land- und Süßwasserpilze in großen Mengen ins Meer – wir haben bereits von der astronomischen Zahl der Sporen in der Atmosphäre gehört, die sogar als Luftfracht die Ozeane überqueren können. Man findet sie überall im Meer wo sie konserviert werden können. Diese aber sind keine *marinen Pilze*, denn im Meer können sie weder wachsen noch sich vermehren und sind auch an den Stoffumsetzungen im Meer nicht aktiv beteiligt.

Verlassen wir nun aber das Meer, legen Maske und Schnorchel beiseite und begeben uns in die afrikanische Savanne und in den tropischen Regenwald Südamerikas. Unser zentrales Thema soll die Symbiose bleiben, aber die Partner, um die es jetzt geht, sind andere. Neben Pflanzen, Bäumen und marinen Algen können sich nämlich auch viele Ameisen und Termiten das Leben ohne Pilze gar nicht mehr vorstellen.

Ameisen und Termiten treiben es schon viel länger ...

....

Dies wird allein schon dadurch bestätigt,
dass die Pilzzucht sich nur in Staaten mit
hochausgebildeter staatlicher Organisation vorfindet.

G. von Natzmer, Konvergenzen im Leben der Ameisen und Termiten, 1915

Ameisen kennt jedes Kind. Weniger bekannt sind die vielfältigen Ernährungsstrategien dieser Insekten. Selten sind sie Allesfresser, meist sind sie in ihrer Ernährungsweise mehr oder weniger spezialisiert. So haben die meisten schon einmal davon gehört, dass Ameisen Blattläusekolonien gegen deren Fressfeinde verteidigen, um die Läuse zu »melken« und so an den süßen Honigtau zu kommen. Andere Ameisen sind Aasfresser, nicht wenige Prädatoren, »Räuber«, darunter die berüchtigten Treiberameisen, aber auch Wander- und Amazonenameisen, die neben Wirbellosen selbst kleine Reptilien, Vögel und Säugetiere erbeuten können. Es gibt Samensammler und Samenfresser unter ihnen, Ernteameisen eben, doch auch Gelegenheitsdiebe und richtige Diebesbanden, es gibt Sklaverei, sozialen Parasitismus und vieles mehr. Und es gibt die Pilzzüchter unter den Ameisen. Sie betreiben unterirdische Pilzfarmen – und sie tun dies seit Äonen, bevor es überhaupt Menschen und ihre Vorfahren gegeben hat und bevor diese auf die Idee gekommen sind, es den Insekten nachzumachen.

Blattschneiderameisen als Pilzbauern

Wie der Entomologe Ted Schulz vom Smithsonian National Museum of Natural History feststellt, ist *Landwirtschaft in der Tierwelt sehr selten … wir kennen nur vier Tiergruppen, die diese Art Landwirtschaft entwickelt haben: Ameisen, Termiten, Borkenkäfer und Menschen.* Pilzzüchtende Termiten, wir werden gleich noch von ihnen hören, gibt es seit gut 30 Millionen Jahren. Die ausgeklügelte Form des Zusammenlebens mit einem Pilz existiert aber unter sozialen Insekten, konkret den Ameisen, bereits um einiges länger. Moderne molekularbiologische Methoden zeigen: Die Pilzzucht der Ameisen geht auf einen einzigen gemeinsamen Vorfahren zurück, der vor rund 50 Millionen Jahren gelebt hat. Speziell in den letzten 25 Millionen Jahren haben sich dann verschiedene »landwirtschaftliche« Strategien entwickelt, von denen jene der Blattschneider-Ameisen die bekannteste ist. Sie schneiden Blattstücke ab, die sie zu ihrem Bau tragen, um an diesem Substrat Pilzgärten anzulegen. Ein Staat kann dabei pro Tag so viel Vegetation abschneiden, wie eine ausgewachsene Kuh frisst. Kolonien mancher Arten der Gattung *Atta* können bis zu acht Millionen Ameisen umfassen, was ebenfalls der Biomasse einer ausgewachsenen Kuh entspricht. Und es gibt sehr viele Ameisenstaaten dieser Größe! Kein Wunder, dass der Mensch die sechsbeinigen Bauern vielerorts mit chemischen Mitteln bekämpft.

Die Methoden und Details der mykologischen Landwirtschaft sind verschiedenartig – wie sie auch bei menschlichen Bauern regional unterschiedlich sein können. Wir kennen die Blattschneiderameisen, von denen mehr als 200 verschiedene Arten der Gattungen *Atta* und *Acromyrmex* der Wissenschaft bekannt sind, aber auch Grasschneiderameisen, die sich auf Gräser spezialisieren. Dass die Ameisen nicht die Blätter selbst fressen, sondern diese als Substrat für einen speziellen Pilz verwenden, entdeckte der Naturforscher Thomas Belt bereits im Jahre 1874. Erst nach und nach wurden dann aber die Dimensionen der Ameisenstaaten bekannt: Bis zu 150 Millionen Arbeiterinnen schenkt eine Blattschneiderameisen-Königin das Leben, gleichzeitig sind etwa zwei bis drei Millionen im Staat aktiv. Um mehr über das Innere des Baus und auch der Pilzzuchtkammern zu erfahren, hat man in Brasilien ganze Staaten mit Gips ausgegossen und das weit verzweigte Nest auf einer Fläche von 50 Quadratmetern und einer Tiefe von acht Metern anschließend ausgegraben. Bis zu tausend unterschiedlich große Kammern wurden sichtbar, von denen in 390 von Ameisen gepflegte Pilzgärten zu finden waren. Andere Zellen dienten als Abfallkammern für ausgelaugte Blätter und abgestorbenes Pilzgeflecht oder gar als Grabkammern für tote Artgenossen.

Eine derartig rege Bautätigkeit bleibt nicht ohne ökologische Folgen. Die Ameisen bewegen große Mengen an Erdreich, belüften sie und damit auch den Boden, bringen Nährstoffe in Umlauf, die für andere Organismen wichtig sind, und bilden so einen wesentlichen Bestandteil des Ökosystems. Der Dschungelboden ist extrem arm an Nährstoffen, durch die Arbeit der Blattschneiderameisen kann er bis zu zehnmal fruchtbarer werden!

Dreiecksverhältnisse auf der Pilzfarm

Südamerikanische Blattschneiderameisen der Gattungen *Atta* und *Acromyrmex* züchten den schimmelartigen Pilz *Attamyces bromatificus*. Und wie wir es gleich noch genauer hören werden, gehört zu Ameise und Pilz noch ein Bakterium hinzu, sodass eine Dreiersymbiose entsteht. Die Ameisen schaffen Blatt- und Pflanzenteile in den Bau und **199** zerkauen sie zu einer breiigen Masse, die dann als spezieller Nährboden für die Pilze dient, welche die Cellulose in den pflanzlichen Materialien aufschließen. Die Partner müssen dabei rücksichtsvoll miteinander umgehen, denn das Substrat für Pilze muss möglichst frei von Fungiziden sein, dafür darf die von den Pilzen für die Ameisen produzierte Nahrung auch keine Insektizide enthalten und muss für die Tierchen gut verwertbar bleiben. Vorsorglich werden daher insektenschädliche Stoffe aus den Pflanzenresten durch die Pilze abgebaut.

Attamyces bildet an den Enden seiner Pilzfäden eiweißreiche Verdickungen, welche Biologen Gongylidien oder Bromatien nennen, die Nahrung- und Proteinlieferanten für die Ameisen. Und was machen die Dritten im Bunde, die Bakterien der Gattung *Streptomyces,* im Ameisenbau? Wir haben gerade gehört, dass antibakterielle und fungizide Stoffe aus dem System von den Partnern ferngehalten werden, um sich nicht gegenseitig Schaden zuzufügen. Doch nur darauf warten die zu den Schlauchpilzen gehörenden Vertreter der Gattung *Escovopsis,* welche als hochspezialisierte Parasiten die Pilzernte der Ameisen bedrohen. Darum tragen Ameisen auf ihrer Unterseite *Streptomyces*-Kolonien, welche spezifische antibakterielle und fungizide Stoffe produzieren. Die Partner selbst sollen nicht gestört werden, mögliche Eindringlinge, die nie weit sind, aber schon. Die Ameisen haben somit nicht nur eine Landwirtschaft, sondern auch hoch spezialisierte Hygienemaßnahmen mit bakteriellen Helfern entwickelt. Die andere Seite der Medaille: Die Ameisen wurden von ihren Helfern abhängig – ohne Pilz und ohne Bakterium gehen die Kolonien zugrunde.

So wurden im Laufe der letzten 20 Millionen Jahre die Landwirtschaften der Ameisen immer ausgefallener und spezialisierter. Evolution und Selektion sind unaufhörliche Prozesse, die jeden Augenblick an jedem Ort der Erde unablässig stattfinden und im pilzzüchtenden Ameisenstaat zu einer hochkomplexen sozialen Struktur führten. Geradezu liebevoll, doch auf jeden Fall unermüdlich verrichten die verschiedenen Kasten im Staat die ihnen zugedachte Aufgabe auf der Pilzfarm. Die wird ständig weiter ausbaut und sorgsam gepflegt. Außenarbeiterinnen, Kundschafter, die in der Umgebung nach geeigneten Sträuchern und Bäumen suchen und eine Duftspur legen, auf der dann die Blattschneider in endlosem Zug zum Einsatzort wandern, all das gehört zum Staat, genauso wie Erntearbeiterinnen und kleinwüchsige Leibwächter. Sie sitzen auf den Blattschnipseln und verteidigen die Transporteure gegen Angriffe aus der Luft. Einzelne Tiere transportieren, zerkleinern, kauen und formen kleine Kügelchen, legen Pilzgärten an, kontrollieren die Pilzoberflächen, die wie ein Brotschimmel alles überziehen, betasten und prüfen, ob alles in Ordnung ist, bei Bedarf säubern sie den Pilz von Sporen und Pilzfäden fremder Schimmelpilzarten. Die Gärtner zwicken das Ende der Pilzfäden ab, damit sich keine Fruchtkörper bilden, dafür aber die eiweißhaltigen, knollenartigen Verdickungen, die Gongylidien. Abgezwickte Teilchen werden entweder an andere Kolleginnen verfüttert oder ganz im Sinne eines Gärtners neu eingesetzt, an Stellen, wo noch kein dichter Pilzrasen gedeiht. Längst könnten die beiden Partner nicht mehr ohne einander existieren. Es ist eine wahre Bilderbuchsymbiose.

Termiten und der Treibhauseffekt

Und diese gibt es nicht nur bei den Ameisen, sondern auch bei staatenbildenden Insekten, die man gerne und fälschlicherweise »weiße Ameisen« nennt, den Termiten. In den wärmeren Erdregionen bis etwa zum vierzigsten nördlichen und südlichen Breitengrad treiben diese staatenbildenden Insekten ihr Unwesen. In Folge ihrer extrem Häufigkeit und ausgeprägten Unermüdlichkeit wirken sie sich sogar auf den planetaren Treibhauseffekt aus, so viel Methan geben sie durch Holzabbau und Stoffwechsel an die Atmosphäre ab. In ihrer Form, Größe und staatenbildenden Lebensweise sind sie den Ameisen ähnlich, sodass sie der zoologische Laie für verwandt halten könnte. Beide sind Insekten und unter diesen Fluginsekten (Pterygota), dennoch sind sie Vertreter zweier unterschiedlicher Äste der Evolution: Während Ameisen zu den Hautflüglern (Hymenoptera) zählen und damit mit Wespen und Bienen verwandt sind, bilden die an die 2.800 Arten umfassenden Termiten traditionell eine eigene Ordnung der Insekten, die Gleichflügler (Isoptera). Moderne molekulargenetische Studien rücken sie systematisch in die Nähe der Schaben.

Anders als die pilzzüchtenden Ameisen können Termiten kaum künstlich gehalten werden. Ihre Staaten sind riesig und komplex. Blattschneiderameisen hingegen mit all ihren unterschiedlichen Kammern finden wir als Schauinsekten in den meisten großen Zoos der Welt.

Übung macht den Meister

Es ist klar, dass es für die staatenbildenden Insekten von hohem Vorteil sein muss, wenn die Nahrungsquelle innerhalb der Kolonien selbst liegt, und sie deshalb ihre Nester nicht zu verlassen brauchen, um Nahrung herbeizuschaffen, schrieb G. v. Natzmer in einer Abhandlung über Konvergenzen im Leben der Ameisen und Termiten bereits 1915. *Denn erstens werden sie auf diese Weise von der Außenwelt und damit vom Zufall bedeutend unabhängiger, und zweitens kann die sonst verbrauchte Energie dem Staate selbst zu gute kommen, wodurch eine ungeheure Kraftersparnis eintritt.*

Doch Natzmer stellt noch weitergehende Überlegungen an, die sich mit dem Zusammenhang zwischen Staatenbildung an sich und der Pilzzucht befassen. Die ersten Staaten der Menschen sind erst in den letzten 10.000 Jahren entstanden, Ameisen und Termiten standen dafür Jahrmillionen zur Verfügung.

Berücksichtigt man nun, dass für die staatenbildenden Insekten eine Höherentwicklung nur in einer Vervollkommnung der staatlichen Einrichtungen, d. h. letzten Endes des Nahrungserwerbes, bestehen kann, so wird es erklärlich, dass bei fortschreitender Entwicklung des staatlichen Lebens an Ameisen wie Termiten immer mehr die Notwendigkeit herantreten musste, sich in dieser Hinsicht von der Umwelt so vollständig wie nur möglich zu emanzipieren. Dass so viele von ihnen ganz unabhängig voneinander auf die Pilzzucht verfielen, erklärt sich dadurch, dass im Innern ihrer Nester auf den dort aufgespeicherten vegetabilischen Vorräten Pilze die ihnen nötigen Daseinsbedingungen vorfinden und dort in Mengen wuchern. Es ist ganz natürlich, dass sich bei Ameisen und Termiten allmählich die Gewohnheit herausbildete, die ihnen am meisten zusagenden Pilze zu verzehren.

Etwas frei zusammengefasst: Ein gewisses Evolutionsniveau an gesellschaftlicher Reife würde fast schon zwangsläufig zur Entwicklung der Pilzzucht führen. Für Pilzfreunde ist es eine interessante Überlegung. Natzmer setzt fort: *Es wäre indessen eine ganz oberflächliche Anschauung, wollte man annehmen, dass die Pilzzucht einzig und allein durch das Vorhandensein von Pilzen in pflanzlichen Vorräten erklärt werden kann und somit ein reines Zufallsprodukt ist. Ihre wahren Ursachen liegen tiefer und stehen, wie schon oben ausgeführt, mit der Entwicklung des sozialen Lebens im engsten Zusammenhang. Dies wird allein schon dadurch bestätigt, dass die Pilzzucht sich nur in Staaten mit hochausgebildeter staatlicher Organisation vorfindet.*

Was von Ameisen und Termiten zu lernen ist

Sollte diese Formulierung tatsächlich so zutreffen, war diese hochausgebildete staatliche Organisationsstufe bei *Homo sapiens* in Europa erst am Hof Ludwigs XIV. in der Mitte des 17. Jahrhunderts erreicht. Damals begann man in dunklen Gewölben und Kellern der französischen Hauptstadt mit dem gezielten Anbau von *Champignons de Paris*, die rasch zur modischen Delikatesse wurden. Asien war in dieser Hinsicht wohl schon früher *staatlich gereift*, denn die intensive Verwendung von Pilzen wie den Shiitake in der Medizin und auch ihr Anbau sind dort aller Wahrscheinlichkeit nach wesentlich älter.

Doch spielen in diesem Wettrennen einige hundert oder tausend Jahre keine allzu große Rolle. Sowohl Asien als auch Europa werden in dieser Hinsicht durch Ameisen und Termiten weit in den Schatten gestellt. Ameisen betätigen sich – wir haben es gerade erwähnt – wahrscheinlich bereits seit 50 Millionen Jahren als echte Pilzbauern, und auch die Termiten haben mit der Pilzzucht früh angefangen.

Ein 25 Millionen Jahre altes Termitennest aus Tansania brachte den ersten unmittelbaren Beweis für tierische Landwirtschaft. Begeisterte Forscher der James Cook University im australischen Townsville fanden in diesem Insektenbau konservierte Gärten jener Pilzzuchten, die den bisher ältesten fossilisierten Beweis des Phänomens lieferten. Doch deuten molekulargenetische Untersuchungen der beteiligten Partner und ihrer Verwandten an, dass die Symbiose zwischen Termitenpilzen und Termiten noch älter ist. *Offensichtlich blieb diese Form des Zusammenlebens zum beidseitigen Nutzen seitdem über den gesamten Verlauf der Evolution erhalten*, meint Eric Roberts, Leiter des Wissenschaftlerteams, nach der Veröffentlichung der Daten. Die Domestizierung des Termitenpilzes durch die Vorfahren der betreffenden Termitenverwandtschaft (Macrotermitinae) liegt etwa 31 Millionen Jahre zurück. Die Termitenpilze erweisen ihren tierischen Freunden einen äußerst nützlichen Dienst: Sie zersetzen auch schwer verdauliches Pflanzenmaterial und produzieren daraus leichter verwertbare, proteinreiche Nahrung, eine Funktion, die bei verschiedenen Pflanzenfressern Darmbakterien übernehmen. Die Termiten halten sich eben die Pilze.

Not macht erfinderisch
Forscher versuchen zu verstehen, wie eine so einzigartige Symbiose überhaupt zustande kommen konnte. Sie vermuten, dass die Bildung des Großen Afrikanischen Grabenbruchs und damit zusammenhängende geologische Umbrüche und Veränderungen in der Landschaft dafür verantwortlich waren. Die Umwelt der trockenen Savannen war wenig lebensfreundlich. Neue Strategien mussten her, ähnlich wie Millionen Jahre später beim Menschen und den von ihm domestizierten Pflanzen und Nutztieren. Landwirtschaft zu betreiben vergrößerte sowohl für die Termiten als auch für ihre Pilze das Spektrum möglicher Strategien. Doch, wie es in der realen Natur so ist, bleibt nichts ohne Folgen. Eine endlose ökologische Kette von weiteren Entwicklungen setzte sich in Bewegung. Andere Organismen nutzten die Bauten der Termiten und die mikroklimatischen Bedingungen im und um den Bau. Sowohl die Nährstoffe im Boden konzentrierten sich hier als auch das Wasser, denn Pilze sind wahre Meister darin, es auch noch in trockenen Regionen aus dem Boden zu ziehen. Eine beispielhafte Symbiose zwischen zwei Partnern prägte die weitere Entwicklung der Umgebung für unzählige andere Spezies.

Das Wechselspiel ist scheinbar leicht zu erklären. Lange Zeit glaubte man es zu verstehen, doch ein entscheidender Baustein des Rätsels fehlte. Jetzt dürfte auch der entdeckt sein, wie der Ökologe Michael Poulsen von der Universität von Kopenhagen erklärte. *Wir haben nach den Genen spezifischer Enzyme geschaut, die für den Abbau pflanzlicher Stoffe wie beispielsweise Zellulose wichtig sind. Es zeigte sich, dass die Termiten dafür relativ wenige dieser Enzyme besitzen. Die Pilze wiederum haben ein sehr breites Spektrum an Enzymen. Aber ihnen fehlen die Gene für Enzyme, die den abschließenden Abbau von einfachen Zuckern zu Glukose übernehmen. Genau diese Gene haben wir aber im Genom der Bakterien aus dem Termitendarm gefunden.*

Drei können mehr als zwei

Das heißt: Im Darm der Termiten leben symbiontische Bakterien und was wir bei den pilzzüchtenden Termiten beobachten können, ist die schon bei den Blattschneiderameisen angedeutete Dreiersymbiose: Den Termiten fehlen einige der Enzyme, die nötig sind, um simplere Mehrfachzucker aufzubrechen, und auch zusammen mit ihren Pilzen schaffen sie es nicht, die Aufgabe vollständig zu erledigen. Mit weiteren bakteriellen Partnern ist es aber möglich. Schon länger war deren Existenz bekannt, ihre entscheidende Rolle kannte man aber nicht.

Feuchte, kühle Kellerräume voller abgestorbener pflanzlicher Biomasse in der tropischen Savanne – nicht viel anders sehen die Pilzzuchtanlagen der Menschen aus. Und ähnlich ist auch die Rolle des tierischen bzw. menschlichen Partners als Logistiker: Da und dort muss man ein wenig nachhelfen, sich um die Pilzgärten wie auch die Champignonzucht kümmern. Unermüdlich schleppen große Arbeiter unter den Termiten Blätter, Gras, Holz und andere schwer verdauliche pflanzliche

Substrate in ihre unterirdischen Räume, wo andere Artgenossen sie zerkleinern und auch fressen. Da Freund *Termitomyces* und seine Sporen überall im Bau zu finden sind, werden auch diese mitgefressen. Die Mischung ist für die Termiten immer noch zu komplex und unverdaulich. Sie wird wieder ausgeschieden. Aber nicht ungeplant, sondern mit Strategie. Der Pilz wird zur Verdauungsmaschine der Termiten, er sorgt für den Großteil des Abbaus. Jetzt erst ist ein wunderbares, gut vermischtes Substrat entstanden, ein Kompost, auf dem dichte Pilzrasen gedeihen. Und dann kommen erneut die Termiten ins Spiel: Sie verzehren die Pilzkulturen mitsamt dem Substrat, damit bei dieser zweiten Darmpassage die Bakterien ins Spiel kommen, um die verbliebenen pflanzlichen Mehrfachzucker zu einfachen Zuckermolekülen zu zerstückeln. Das System ist so perfekt, dass sich davon Menschen bestimmt noch etwas abschauen könnten, um die Effektivität ihrer Bioreaktoren zu erhöhen. Speziell die Frage, welche Enzyme man noch von der Natur abkupfern könnte, interessiert hier die Forscher.

Ziemlich beste Freunde

Der im wahrsten Sinn des Wortes größte Freund der pilzzüchtenden Termiten ist der genannte *Termitomyces*, der Termitenpilz, der 1942 vom französischen Botaniker Roger Heim zum ersten Mal wissenschaftlich beschrieben wurde. Mykologisch handelt es sich um einen Champignonartigen (*Agaricales*) und Raslingsverwandten (*Lyophyllaceae*) – eine völlig andere Verwandtschaft also als bei den Partnerpilzen der Ameisen.

Ihren Namen tragen die Pilze zu Recht, denn alle Arten der Gattung wachsen ausschließlich auf oder in der Nähe von Termitenhügeln. Es ist eine für sie obligatorische Symbiose. Andere Pilzarten und Parasiten werden im Termitenbau bekämpft. Verschiedene Termitenarten kultivieren jeweils eigene Pilzspezies. Dabei offenbart sich ein wunderbares Beispiel für Koevolution zwei grundverschiedener Organismen: Die Stammbäume und Verzweigungen beider Gruppen und die Geschwindigkeit ihrer Artbildung entsprechen sich beinahe vollständig. Biologen sprechen von Ko-Kladogenese – die Evolution beider Partner ist sozusagen Hand in Hand abgelaufen. Entwickelt sich der eine, kann auch der andere nicht stehen bleiben.

Termitomyces titanicus bildet Schirme von einem Meter Durchmesser und seine Fruchtkörper zählen somit zu den größten unter den Lamellenpilzen. Die meisten Arten wachsen in den Ländern des südlichen Afrikas wie in Namibia, Sambia und Tansania, andere gedeihen aber auch in Südostasien und Kolumbien. Sie sind der Traum aller Pilzsammler: Die Fruchtkörper sind nicht nur riesig, die meisten sind auch wohlschmeckende Speisepilze und haben daher in einigen Regionen Afrikas eine wirtschaftliche Bedeutung. Riesige Schirme bedeuten auch Unmengen von Sporen, sie werden mit dem Wind von den Termitenhügeln über die Landschaft davongetragen. *An dem Material, das die Termiten draußen sammeln, können natürlich auch Pilzsporen haften*, erklärt Christine Beemelmanns vom Leibniz-Institut für Naturstoff-Forschung und Infektionsbiologie. *Sie gelangen mit der Nahrungsaufnahme in ihren Magen-Darm-Trakt, werden dort aber nicht verdaut. Durch das Ausscheiden gelangt der Pilz dann in den Bau.*

Ameisen und Termiten haben wir nun kennengelernt als zentrale Figuren in einem Dreieck beeindruckender Symbiosen. Wir wenden uns nun mit den Flechten einer weiteren weltbewegenden Symbiose zu. Auch ihr Verständnis wurde erst vor kurzem revolutioniert!

EIN SYSTEM IST MEHR ALS DIE SUMME SEINER TEILE
Flechten und Darwins Pauschalurteil

....

*Flechten sind eine Symbiose einer Alge mit einem Pilz –
von dieser wissenschaftlichen Erkenntnis ging man die
letzten 150 Jahre lang aus.*
*Nun müssen die Lehrbücher umgeschrieben werden:
WissenschafterInnen fanden heraus, dass einige der
häufigsten Flechtenarten der Welt
einen weiteren Partner im Bunde haben, nämlich
einen Hefepilz.*
innovations-report.de, Juli 2016

Dass Pilze nicht zum Wissensbereich der Botanik zählen,
wissen wir bereits. Die Mykologie ist ein eigenes Wissen-
schaftsgebiet, das diesen systematisch eigenständigen
»Herrschern der Welt« auch zusteht. Doch gibt es eine
weitere Gruppe von Lebewesen, die noch einmal alles auf
den Kopf zu stellen scheint: die Flechten.

Wenn wir in diesem Kapitel die Flechten oder *Lichenes*
unter die Lupe nehmen, dann beschäftigen wir uns nicht
mit irgendwelchen unbedeutenden, versteckt lebenden
Geschöpfen, die keinem Menschen ins Auge fallen, wie
es bei Mikroorganismen der Fall ist. Ganz im Gegenteil:
Flechten dominieren ganze Lebensräume und Landstri-
che. Wir müssen nur klimatisch extremere Regionen
aufsuchen. 25.000 Arten von Flechten sind weltweit
bis in die unwirtlichsten Ecken unseres Planeten verbreitet. Doch wie beschreibt man diese Mischwesen aus
zwei oder gar drei Organismen wirklich treffend? Allein

schon die willkürlich ausgesuchten Buchtitel aus dem Internet demonstrieren die Verwirrung: *Die niederen Heilpflanzen. Pilze – Algen – Flechten* oder *Moose, Farne und Flechten* oder eben: *Flechten. Doppelwesen aus Pilz und Alge.* Beim genaueren Hinsehen entpuppen sich alle Titel als wissenschaftlich wenig präzise: Flechten als *niedere Heilpflanzen* zu bezeichnen ist schlicht falsch, denn sie sind gar keine Pflanzen und bestehen zu 90 Prozent aus Pilzen. *Moose, Farne und Flechten* in einen Topf zu werfen, erweckt den Eindruck, als ob sie systematisch zusammengehören würden, was sie nicht tun. Und schließlich der letzte Buchtitel: *Flechten. Doppelwesen aus Pilz und Alge*, stimmt gleich in zweifacher Hinsicht nicht (mehr). Erstens hat bereits das einführende Zitat zu diesem Kapitel angedeutet, dass es sich bei Flechten vielfach um ein Dreifachwesen handelt (was frühere Autoren noch nicht wissen konnten), und zweitens steht im Buchtitel »Alge«. Es stimmt schon, das hat sich so eingebürgert. Doch was für eine Alge soll das sein? Diese »andere Hälfte« der Flechte (die kleinere) ist manchmal ein Cyanobakterium, und das ist keine Alge, auch keine Pflanze, sondern ein Mikroorganismus ohne Zellkern, ein Prokaryot. In anderen Fällen bilden Grünalgen den Partner der Flechtenpilze, aber auch diese lassen sich nicht vereinfacht mit den »höheren Pflanzen« gleichsetzen. Diese »Algen« (ob nun Grünalge oder Cyanobakterium) sind entweder gleichmäßig in der Flechte verteilt oder aber nur auf eine bestimmte Schicht zwischen oberer Rinde und Mark des Flechtenkörpers beschränkt.

Aufs Engste verflochten

Aus den genannten Gründen bezeichnen Biologen Flechten gern als Organisationstyp, d.h. eine Flechte ist mehr als nur ein schlichtes Lebewesen. In diesem

Superorganismus stecken grundverschiedene Partner, Symbionten. Ihr »Körper« wird wissenschaftlich Lager oder Thallus genannt. Auf engste Weise verwoben leben die Partner in diesem gemeinsamen »Körper« zusammen und bilden eine morphologisch-anatomische wie auch eine physiologische Einheit.

Der Einfachheit halber lassen wir zuerst die modernen Entdeckungen kurz unberücksichtigt und gehen von zwei Partnern aus: Jede Flechtenart enthält eine spezifische, nur bei ihr vorkommende Pilzart, die in dieser Partnerschaft den *Mykobiont*en, den Pilzpartner, repräsentiert. Ob Krustenflechten, Laub- oder Blattflechten, Strauchflechten oder Gallertflechten mit Cyanobakterien als Partner, der eigentliche Vegetationskörper der Flechte wird aus einem Geflecht aus Pilzfäden (Hyphen) aufgebaut. Diese *Mykobionten* müssen sich – wie es ihnen eigen ist – heterotroph ernähren: Wie alle Pilze sind sie nicht zur Photosynthese befähigt und müssen »fressen«. Abgesehen davon, dass die *Mykobiont*en die Gerüstbauer der Flechte sind und den Großteil der Masse bilden, liefern sie Wasser und die nötigen Nährstoffe, bieten Schutz vor Austrocknung und Beschädigungen und verhindern ein Übermaß an Lichteinstrahlung.

Die meisten Flechten bestehen aus mehreren Schichten; darin eingeschlossen leben die *Phycobionten* oder *Photobionten*, die Grünalgen- oder Cyanobakterienpartner, welche als photoautotrophe Organismen Photosynthese betreiben. Der blattartige Wuchs der Laub- oder Blattflechten optimiert die Lichtausbeute. Aus anorganischen Substanzen kann der *Phycobiont* mithilfe des Sonnenlichtes organische Stoffe herstellen. Es liegt im Wesen einer jeden Symbiose, dass beide Partner (oder in der Realität der Flechten eben drei, aber dazu gleich mehr) Vorteile aus dieser Form des Zusammenlebens ziehen. **211**

Nur gemeinsam können wir überleben

Die Flechte kann an Standorten leben, die für die einzelnen Partner (»Bestandteile«) nicht besiedelbar wären. Sie fühlen sich in Lebensräumen wohl, an denen weder Pilz noch Alge unabhängig voneinander leben könnten. Ein Beispiel von der Meeresküste: Flechten findet man auch noch an Küstenfelsen, an denen sonst kaum noch etwas wachsen könnte. Die Umweltbedingungen sind hart, die mechanischen, physikalischen und chemischen Stresseinwirkungen durch Wellen, Wind, Sonne, Wasser, Kälte, UV-Strahlung und Salz enorm. Und dennoch gedeihen hier konkurrenzlos manche Flechten, die man für Teerflecken halten könnte und die durch ihre Langlebigkeit beeindrucken. Gegen potenzielle Fressfeinde schützen sie sich mit Inhaltsstoffen, die kaum jemandem schmecken. Wenn es für sie ungünstig wird, können die hitzetoleranten Überlebenskünstler selbst monatelange Trockenperioden in einem Zustand absoluter physiologischer Ruhe überstehen.

Was die Nährstoffe – oder bei Pilzen eher Nahrung – betrifft, tun sich Flechten relativ leicht. Sie sind in ihrem Stoffwechsel vom Substrat weitgehend unabhängig und beziehen ihre Nährstoffe zum größeren Teil durch den Eintrag aus Staub, Meeresgischt und Regen und nur zu einem geringen Anteil aus dem Substrat selbst.

Flechten als Bioindikatoren

Da die genügsamen Flechten nur recht langsam wachsen, hätten sie in dichten Pflanzengemeinschaften aufgrund des Konkurrenzdrucks von Moosen, Kräutern und anderen hochwachsenden Pflanzen im Kampf um Licht und Nahrung keine guten Chancen. Doch an extremen Standorten und in ökologischen Randnischen, in denen die anderen benachteiligt bleiben, sind Flechten unschlagbar. Experten erzählt ihr massenhaftes Vorkommen oder eben Fehlen Bände. Aufgrund ihrer Langlebigkeit, des Fehlens von Schutzmechanismen an ihrer Oberfläche und des Vorkommens an exponierten Standorten sind sie hervorragende Bioindikatoren für langfristige Umwelteinflüsse – ein guter Grund, sich umso mehr mit Flechten zu befassen. Die Tendenzen der Indikatoren sind, wenig überraschend, beunruhigend.

Fast alle Mykobionten, an Flechten beteiligte Pilze, sind auf das Zusammenleben mit dem photoautotrophen Partner angewiesen. Sie kommen in der Natur nicht mehr freilebend vor, und die Symbiose wurde für sie obligatorisch. Etwas anders ist es bei den Phytobionten, den Algen- oder Cyanobakterienpartnern. Sie findet man in der Natur gelegentlich auch frei lebend.

Wie der Mutterorganismus Pilz, vermehren sich auch Flechten sexuell und vegetativ. Nach der sexuellen Befruchtung in Fruchtkörpern der Pilzpartner werden Sporen gebildet, die nach dem Auskeimen eine passende Alge finden müssen, um eine neue Flechtensymbiose beginnen zu können. Noch einfacher geht es vegetativ: Thallusbruchstücke können verdriftet oder sonst übertragen werden und zu kompletten neuen Flechten regenerieren. Manchmal bilden sich auch sogenannte Soredien: Einzelne Algen lösen sich mit einigen Pilzfäden aus dem Verband, werden weggespült oder weggeweht, um an neuen Standorten »für Nachwuchs« zu sorgen.

Symbiose als Überlebenskonzept

Die Erkenntnis, dass Flechten aus zwei völlig unterschiedlichen Organismen, nämlich Pilz (Mycobiont) und Alge (Phycobiont) bestehen, hat sich erst im 19. Jahrhundert durchgesetzt. Nach und nach wurde klar, dass diese Lebensgemeinschaft zum Vorteil beider Partner gereicht und dass es sich damit um eine Symbiose im wahrsten Sinn des Wortes handelt. Lange Zeit galt nun die einfache Gleichung *1 Pilz + 1 »Alge« = Flechte* als Garant für ein erfolgreiches Lebenskonzept. Dass es so einfach nicht ist, wissen wir erst seit 2016 dank der Forschungen des Instituts für Pflanzenwissenschaften der Karl-Franzens-Universität in Graz, einem weltweit führenden Zentrum der Flechtenforschung.

In einem 2016 im renommierten Wissenschaftsmagazin *Science* publizierten Beitrag[25] konnten die Forscher mitteilen, dass bereits unter 52 Flechten-Gattungen ein weiterer Partner in Form von Hefepilzen nachgewiesen wurde. Für jene, die etwas von Flechten verstehen, war die Sensation groß, und die Medien hatten eine Gelegenheit für doppeldeutige Überschriften wie *Heimliche Dreier-Beziehung*.

Hefen sind einzellige Pilze und damit Mikroorganismen, die sich durch Sprossung oder schlichte Spaltung oder Teilung vermehren. Daher werden sie auch Sprosspilze genannt. Die meisten Hefen zählen zu den Schlauchpilzen (Ascomycota), einer der beiden großen evolutiven Linien der Pilze, zu der auch bis zu 98 Prozent aller flechtenbildenden Pilze zählen. Darum steht in wissenschaftlichen Quellen statt der schlichten Benennung »Flechte« *lichenisierte Ascomyceten* (zu einer Flechte umgeformte Schlauchpilze) – und auf die allermeisten Formen trifft es zu. Nur eine geringe Minderheit der Flechten wird durch einen Basidiomycoten, einen Ständerpilz als Mycobiont, aufgebaut. Als man feststellte, dass die neu entdeckten dritten Pilzpartner der Flechten Hefepilze der Gattung *Cyphobasidium* sind, war die Überraschung daher groß. Auch bei weiteren Studien in verschiedensten Flechten aus unterschiedlichen Teilen der Welt fand sich *Cy-*

phobasidium wieder. Allein schon der Teil dieses Namens mit *-basidium* irritiert den aufmerksamen Leser, haben wir doch gerade erst gelesen, dass die meisten Hefen zu den Ascomycota zählen. Nicht so *Cyphobasidium*, denn er ist ein Basidiomyzet aus der Gruppe der Rostpilzverwandten. Während die meisten Vertreter dieses Kreises Parasiten an Pflanzen, Tieren und Pilzen sind, tauchte unter ihnen nun ein entscheidender Symbiosepartner auf, der die Wissenschaft auf den Kopf stellte.

Der Evolutionsbiologe Toby Spribille vom Institut für Pflanzenwissenschaften der Universität Graz schwärmte von der fundamentalen Entdeckung seines internationalen Forscherteams, welches das Erbgut zahlreicher Flechten aus aller Welt untersucht hatte: *Die Erkenntnis erschüttert unser grundlegendes Wissen über Flechten. Wir müssen von Neuem untersuchen, wie diese Lebewesen entstehen und wer welche Funktionen in der Gemeinschaft übernimmt.* Offensichtlich sind die Hefepilze evolutiv gesehen schon lange Teil dieser Symbiose. Man vermutet, dass sie dem »Superorganismus Flechte«, dessen substanzieller Teil sie sind, bei der Abwehr unerwünschter Mikroben helfen. Eine wichtige Rolle bei dieser Forschung spielte die Flechte *Vulpicida canadensis*, die häufig auf Baumrinden in Nordamerika wächst. *Vulpicida* wurde als Gattung systematisch erst 1993 eingeführt, wobei man bei der Namensgebung auf *vulpes*, lateinisch Fuchs, und *-cida*, Mörder setzte. *Vulpicida* ist somit ein Fuchsmörder: Bereits der große Pilzforscher Fries berichtete, dass diese Flechten in Schweden zum Vergiften von Füchsen verwendet wurden.

Wer ist der Dritte im Bunde?

Verdachtsmomente kamen durch die Flechten *Bryoria tortuosa* und *Bryoria fremontii* auf, die aus exakt der gleichen

Pilz- und der gleichen Algenart bestehen. Die erste Spezies ist gelb und produziert in großen Mengen die toxische Vulpinsäure, die ihre Färbung verursacht. *Bryoria fremontii* hingegen ist braun und enthält keine Vulpinsäure. Wie können zwei identische Partner zwei unterschiedliche Flechtenarten hervorbringen? Warum ist die eine Flechte für Säugetiere giftig und die andere nicht?

Diese Fragen inspirierten Toby Spribille zu weiterführenden Forschungen. Die in den Flechten enthaltene DNA wurde genauestens analysiert, es begann eine mühsame und zuerst verwirrende Suche in der Gensuppe der Flechten. Erst als man sich der Hypothese öffnete, dass da in den Flechten etwas völlig Neues sein könnte, war die Katze aus dem Sack, und der Hefepilz *Cyphobasidium* war gefunden. Die neue vereinfachte Definition der Flechten lautet somit: *1 Schlauchpilz + 1 Ständerpilz + 1 photosynthetisch aktive Alge oder Cyanobakterium = Flechte.*

Ein eingespieltes Team

Natürlich stellte sich den Forschern die Frage, wie es möglich ist, dass *Cyphobasidium* der Wissenschaft so lange durch die Lappen gegangen ist. Ohne modernste molekulargenetische Methoden hätte er wohl noch lange auf seine Entdeckung warten müssen. Mehr als ein Jahrhundert haben unzählige Lichenologen die genannten Flechten erforscht und den unbekannten Dritten, der als wesentlicher Bestandteil der Gemeinschaft für das Überleben der Flechte essenziell ist, nicht entdeckt. Man wusste immer schon, dass sich die beiden sehr unterschiedlichen Partner einer Flechte so gut ergänzen, dass sie gemeinsam Fähigkeiten besitzen, die Alge oder Pilz allein nicht haben. Nun zeigt sich aber, dass es in der Dreiersymbiose noch verzwickter ist: Ohne den nun bereits bekannten Dritten könnten auch die anderen beiden nicht leben. Zwischenzeitlich wurde *Cyphobasidium* in Flechten von der Antarktis über Japan bis nach Südamerika und Äthiopien gefunden. Die genetischen Vergleiche brachten noch etwas ans Tageslicht: Die drei Mitglieder des Flechtenorganismus blicken wahrscheinlich auf eine lange gemeinsame Geschichte zurück. Demnach entwickelte sich der beteiligte Pilz zeitgleich mit den ersten Flechten und es geht somit um keine »moderne«, sondern eine altbewährte Erfindung der Evolution.

Wie ich finde, ist diese Entdeckung eine kräftige Motivationsspritze für junge Forscher: Entgegen eines weit verbreiteten Irrglaubens ist eben längst nicht alles entdeckt. Die Rätsel der Natur sind noch lange nicht gelüftet. Um Neues zu entdecken, müssen ambitionierte Jungforscher nicht einmal in die Tiefen der tropischen Regenwälder reisen.

Auch der goldene Faden unserer Pilzwanderung – die Kooperation zwischen grundverschiedenen Organismen zum Wohl eines größeren Ganzen, die Symbiose, das wiederholt zitierte *Gemeinsam sind wir stärker* – bekommt durch diese Entdeckung neuen Aufwind. Toby Spribille meint: *Diese Erkenntnis bringt vieles, was wir über diese Symbiose zu wissen glaubten, fundamental durcheinander. Grundlegende Annahmen darüber, wie sich Flechten bilden und wer in der Gemeinschaft welche Aufgaben übernimmt, müssen wir nun neu bewerten.*

So ist die Welt der Pilze eine in vielem bekannte, aber dann auch immer wieder überraschende und bei weitem noch nicht zu Ende entdeckte. Was mag noch kommen? Diese Frage soll unsere Wanderung durch die Welt der Pilze beenden.

*Bis dahin lassen Sie bei den nächsten Waldspaziergängen
einfach Ihrer Fantasie freien Lauf – sie ist in vielen Fällen
gar nicht so weit von der Realität entfernt.*

Peter Wohlleben

Wie hat unsere Beziehung zu Pilzen angefangen?, fragten wir am Beginn dieses Buches. Der Anfang liegt im Dunkeln der prähistorischen Zeit, ohne dass wir die Details der Entwicklung kennen könnten. Sicher ist: Unsere Vorfahren konsumierten Pilze und nutzten sie auch sonst in vielfacher Weise, unter anderem im Rahmen des Schamanismus und als Medizin. Wahrscheinlich mit dem Beginn der neolithischen Revolution wurden dann erste biotechnologische Verfahren nach und nach zum Allgemeingut der entstehenden Zivilisationen. Pilze waren an der Herstellung von Käse, Brot, Wein, Bier und anderen Lebensmitteln beteiligt.

Mit der industriellen Revolution und der Entwicklung der Wissenschaft kamen nach und nach weitere Verwendungen von Pilzen hinzu, sodass sie heute zu einer der wichtigsten Organismengruppen in der modernen Biotechnologie geworden sind. In industriellem Maßstab werden Pilze heute zur Erzeugung von Nahrung und Futtermitteln, von Antibiotika, Enzymen, Steroiden, Alkohol, organischen Säuren, Vitaminen und weiteren Stoffen eingesetzt. Die meisten Menschen wissen nicht, dass die in Getränken und anderen Nahrungsmitteln allgegenwärtige Zitronensäure (nicht zu verwechseln mit Zitronensaft!) schon lange nicht mehr aus Zitronen gewonnen wird, sondern bereits seit Jahrzehnten fast ausschließlich ein Pilzprodukt ist. Sie wird durch Fermentation mit Hilfe von *Aspergillus niger* erzeugt. Pilze produzieren auch immer mehr Waschmittel mit Biotensiden, waschaktiven Substanzen also, welche die Umwelt weniger belasten als die traditionellen Produkte.

Natürlich stimmt es, dass Pilze vielfach auch Krankheitserreger, Allergene, Giftmörder und Hauszerstörer sind. Aber das ist eben nur einer ihrer Aspekte, mit denen wir umzugehen lernen müssen. Vor allem sind sie Partner, ohne die das Leben nicht möglich wäre. Sie sorgen für Dekomposition und Remineralisierung. Sie sind im Rahmen der Mykorrhiza Lebenspartner all unserer Bäume und die Strippenzieher des Waldes. Sie schaffen Nahrung und Heilmittel, wir begegnen ihnen in Forschung und Biotechnologie, bei der biologischen Schädlingskontrolle und im Umweltschutz. Der Modebegriff »Recycling« ist jung, das Prinzip aber wenden Pilze seit Hunderten Millionen von Jahren an.

Ein grünes Band in der Wüste
Schon bald könnten Pilze großräumig die von uns vergifteten Böden sanieren und tote Äcker in blühende Gärten verwandeln. Der Ausbreitung der Wüste kann man hoffentlich irgendwann mit der Pflanzung von Bäumchen entgegenwirken, deren Wurzeln mit Mykorrhiza-Pilzen geimpft sind. Diese können dann auch noch den letzten Tropfen Wasser für den Baum nutzbar machen. Wüsten erwachen mit Hilfe von Pilzen zu neuem Leben, ihre Ausdehnung kann gestoppt werden – wie es in der Sahelzone geschieht und hoffentlich weiterhin geschehen soll, sodass am Ende ein Grünes Band vom Indischen Ozean bis zum Atlantik reichen wird. Auf Satellitenaufnahmen der

Sahara sieht man schon heute neben all dem Gelb und Braun auch große Grünflächen – ein kleines ökologisches Wunder. Diese »Große grüne Mauer« ist ein 7.000 Kilometer langes panafrikanisches Projekt, das Millionen der Ärmsten Hoffnung gibt. Den Beginn des Wunders verdanken wir einigen Bauern aus der Region, die sich auf ihre Traditionen besonnen haben. Denn Bäume auf den Feldern waren Teil einer jahrhundertealten Ackerbaumethode. Wo Bäume sind, gediehen auch Hirse und andere Nahrungspflanzen wesentlich besser als auf ungeschützten Feldern. Neben der Symbiose mit Bakterien, die Stickstoff aus der Luft binden und diesen im Tausch gegen andere Nährstoffe an die Pflanze abgeben, spielen dabei gerade Pilze eine Schlüsselrolle. Unscheinbarer Sporenstaub aus dem Wüstensand lässt Setzlinge unter Aufsicht von Amadou Ba aus Dakar mächtig sprießen. Verschiedene Arten der Gattung *Glomus* wie *Glomus aggregatum* scheiden ein Protein namens Glomalin aus, das kleinste Erdpartikel im Boden zu kleinen Kügelchen verklebt, wodurch der Boden luftdurchlässiger und wasserspeichernder und die Bodenstruktur für Pflanzen somit vorteilhaft verändert wird. Besonders gut versteht sich *Glomus* mit Jujuben, Bäumen, die verstärkt bei der Aufforstung eingesetzt werden, da sie auch Unmengen an wohlschmeckenden Früchten produzieren.

Eine starke Gemeinschaft

Kaum ist der Pilz mit seinem Partnersetzling im Boden, macht er das, was er am besten kann: sich vernetzen. In alle Richtungen dehnen sich die Hyphen aus, um mit anderen Pflanzen und anderen Pilzen Kontakt aufzunehmen. Das Myzel wird früher oder später auch andere Pflanzen erreichen. Seine Zellen werden in die Wurzeln der Pflanzen eindringen und Leben spenden. Über das

Netzwerk werden Nährstoffe ausgetauscht – auch mit Feldfrüchten und Gemüsesorten, die man in der Umgebung anbaut. Gestärkt durch den aus den Pflanzen aufgenommenen Zucker macht sich der Pilz auf die Suche, um auch andere von den Vorteilen des Tauschhandels zu überzeugen. Wahrlich eine wunderbare Erfindung der Natur: Alle verbinden sich zu einer großen Gemeinschaft. Können Pilze auch Lehrmeister sein für unser menschliches Handeln?

Die Zukunft hat längst begonnen
Und damit nicht genug: In der Medizin werden neue pharmazeutische Wirkstoffe entdeckt werden, wobei auch Meerespilze zum Zug kommen werden, über die wir heute noch viel zu wenig wissen. In unzähligen Forschungslaboratorien weltweit werden sich Wissenschaftlerteams mit neuen Pilzentdeckungen beschäftigen. In Planungsbüros werden Schleimpilze die idealen Streckenführungen für unsere Kommunikations- und Verkehrswege entwerfen. Futurologen werden zur Lösung des Ernährungsproblems der Menschheit nach mehr eiweißreichen und fettarmen Pilzen verlangen. Ökologen werden noch mehr darüber herausfinden, dass unsere Welt ohne Pilze gar nicht funktionieren könnte, und die biologische Kontrolle von Schadorganismen durch Pilze vorantreiben. Klimaforscher werden sich noch intensiver mit der Rolle der Pilzsporen in der Atmosphäre beschäftigen, den vielleicht wichtigsten Kondensationskeimen für die Wolkenbildung.

Überlebenswissen
Die biologische Landwirtschaft, bei der ganze Heere von Mikroorganismen, Pilzen, Regenwürmern und unzähligen weiteren Bodenorganismen nicht vergiftet werden,

sondern für uns arbeiten, benötigt deutlich weniger Energie, bedarf weniger Bodenbearbeitung, Kunstdünger und Pflanzenschutzmittel. Zahlreiche führende Wissenschaftler und Vordenker gehen noch einen Schritt weiter: Die biologische Landwirtschaft – mit Pilzen als Helfern – kann uns nicht nur ernähren, sondern ist die einzige Möglichkeit für die Menschheit überhaupt, um in Zukunft alle Menschen ausreichend ernähren zu können.

Die Hilfe von Pilzen könnte auch Freunden des guten Weins zu Gute kommen. Die Partnerschaft mit Mykorrhiza-Pilzen macht Reben widerstandsfähiger gegen den Befall durch Parasiten. Pestizide und andere Gifte könnten nahezu überflüssig werden. Den Naturfreund wird es freuen, dass Weine durch Pilze und Pflanzen, die rund um die Reben wachsen, gehaltvoller, gesünder und einfach besser werden, steht doch die Weinrebe, wie jede andere Pflanze auch, über ihre Wurzeln in direktem Austausch mit dem Internet der Pilze. Gesunde Böden sind voller Leben und strotzen vor ungeahnter Aktivität. Ein Netz unüberschaubar vieler Wechselbeziehungen verbindet alle Mitbewohner des gesunden Weinbergs.

Recycling-Experten

Sollten sich auch noch die Hoffnungen erfüllen, die Forscher in den letzten Jahren in den Pilz *Pestalotiopsis microspora* aus dem Yasuni-Nationalpark im ecuadorianischen Amazonasregenwald setzen, wäre dies ein wahrer Fortschritt für die Menschheit. Denn die Weltmeere sind zu Müllmeeren geworden: Bis zu 13 Millionen Tonnen Plastik landen jedes Jahr in den Ozeanen. Während die Menschheit 2015 mehr als drei Millionen Tonnen Müll täglich produziert hat, werden für das Jahr 2025 täglich bereits mehr als sechs Millionen Tonnen erwartet. Ein beträchtlicher Teil des Mülls besteht aus *Polyurethanen*, und *Pestalotiopsis microspora* ist der erste bekannte Organismus, der Polyurethane sogar unter extremen licht- und sauerstoffarmen Bedingungen zersetzen kann.

Während unserer Streifzüge ist uns bewusst geworden, dass Pilze unter uns sind – und sie sind überall! Manche sind gefährliche Feinde, die meisten aber sind unsere Freunde. Die durch Pilze erworbenen Chancen sind so groß, dass wir sie wahrscheinlich erst in der Zukunft und nur rückblickend richtig werden einschätzen können. Denn die rasante Entwicklung der Mensch-Pilz-Beziehung wird nicht stehenbleiben!

Kooperation statt Egoismus

Über die Bedeutung der Pilze sollten wir wohl keine Zweifel mehr haben. Wie steht es aber mit jener philosophischen Lektion, die sie uns Menschen in Sachen Kooperation erteilen?

Die vergangenen 150 Jahre waren zum einen – Gott sei Dank! – geprägt durch den Durchbruch des wissenschaftlichen Denkens und der Vernunft, zum anderen durch die Durchsetzung des kapitalistischen, auf Egoismus und Ellenbogeneinsatz basierenden Wirtschaftssystems. Gerne wird in diesem Zusammenhang dann auf Charles Darwin und seine Evolutionslehre Bezug genommen. Diese habe schließlich gezeigt, dass nur der Stärkere überleben könne. Unsere Streifzüge durch die Welt der Pilze legen nahe, dass in einem so verstandenen darwinistischen Weltbild der Aspekt der Kooperation zu kurz kommt. Einen einzelnen Aspekt übertrieben in den Mittelpunkt stellen – das machte meiner Meinung nach beispielsweise Richard Dawkins, der in seinem Buch *Das egoistische Gen* behauptete: »Wir sind Überlebensmaschinen – Roboter, die blind darauf programmiert sind, diese egoistischen kleinen Moleküle zu erhalten, die gemeinhin als Gene bekannt sind.«

Die weltweit anerkannte und berühmte US-amerikanische Biologin Lynn Margulis (1938 – 2011) sah anders als Dawkins in der Symbiose die treibende Kraft der Evolution. Eines ihrer bekanntesten Bücher trägt den Titel *Die andere Evolution*. Nicht das »egoistische Gen« stellte sie in den Mittelpunkt ihrer Überlegungen, sondern die denkbar innigste Form von Koexistenz und Koevolution, die Endosymbiose. So wies sie beispielsweise mit zellanatomischen und biochemischen Argumenten nach, dass die Chloroplasten, also die Zellorganellen der Photosynthese in pflanzlichen Zellen, ursprünglich freilebende Cyanobakterien gewesen sind. Diese Chloroplasten in allen unseren Zimmer- und Gartenpflanzen sind somit nichts anderes als »domestizierte« Cyanobakterien.

Das Wunder des Lebens

Lynn Margulis war überzeugt, dass sämtliche Bewohner unseres Planeten einer symbiotischen Union angehören. Dieser Blick »von oben« auf das Wunder des Lebens mag mit dem Beruf ihres ersten Ehemanns zu tun haben, des bekannten Astronomen Carl Sagan. Stark geprägt hat sie auch der englische Chemiker James E. Lovelock, der Anfang der 70er-Jahre die Gaia-Hypothese – so benannt nach der *Großen Mutter* der griechischen Mythologie – formulierte, wonach alle irdischen Organismen miteinander in Berührung stünden und in Symbiose gemeinsam eine größere Einheit bildeten. Ich weiß, das klingt nach New Age. Vielleicht werden manche dieses Buch spätestens jetzt weglegen mit dem Satz »Hab ich's doch gewusst!«

Der deutsche Biologe Ludwig Trepl schreibt in einem Wissenschaftsblog aus dem Jahr 2013, dass ihm die Gaia-Hypothese, in der die Erde wie ein selbstregulierendes Superlebewesen erscheint, *bereits auf den ersten Blick derart deutlich als esoterischer Unfug erkennbar schien, dass er meinte, sich nicht weiter mit ihr abgeben zu müssen.* In der Tat ist diese Hypothese vor allem in Esoterikerkreisen angekommen. In der Wissenschaft dagegen hatte man fast nur Spott für sie übrig. Trepl, der sich viel mit den sogenannten Superorganismus-Theorien befasst hat, meint, dass die *kooperierenden Einzelorganismen selbständig sind, und sie kooperieren ... ganz egoistisch, um für sich möglichst viel herauszuholen, also wie Geschäftspartner, nicht im Auftrag einer ihnen vor- und übergeordneten Instanz, wie die Abteilungen eines Amtes.*

Also doch alles nur Egoismus? Und was können wir dann von Lynn Margulis und den Pilzen lernen? Auf jeden Fall sehr viel über Kooperationen. Wenn ein Lebewesen ein anderes in das Innere einzelner Zellen des eigenen Körpers eindringen lässt, bedeutet das in der Regel Selbstaufgabe und Tod. Jedes Lebewesen würde sich dagegen wehren. Bei der Endomykorrhiza jedoch – der engsten Form der Pilzpartnerschaften – dringen die Hyphen des Pilzes in die Wurzelzellen der Partnerpflanzen ein. Wir haben viel von arbuskulären Mykorrhiza-Pilzen (AM) gehört, den *Glomeromycetes*. Sie sind die verbreitetsten und ältesten Mykorrhiza-Pilze, mit denen mehr als 80 Prozent der Landpflanzen, einschließlich der meisten verholzten Pflanzen, weltweit eine symbiotische Beziehung eingehen. Und schon lange vor dem Landgang der Pflanzen sind prokaryotische (Archaeen und Bakterien) und auch eukaryotische Lebewesen (das sind alle anderen Lebewesen mit Zellkern) enge Kooperationen mit anderen Partnern eingegangen und haben damit überhaupt erst die Grundlage geschaffen für die weitere Entwicklung des Lebens auf dem Planeten.

Wir können die Vernetzung und Kooperation getrost als einen von mehreren in der Natur praktizierten Wirkungsmechanismen in den Blick nehmen, ohne eine ideologische Frage daraus zu machen. Es wäre doch eher überraschend, wenn das Leben auf der Erde sich in Milliarden Jahren auf nur ein einziges Prinzip verlassen hätte.

Als Meeresbiologe weiß ich, dass viel verdrängt und getötet wird – wahrscheinlich mehr als 98 Prozent der Meereslebewesen erleiden das Schicksal, gefressen zu werden. Und doch haben die Erkenntnisse von Lynn Margulis mein Weltbild auf kostbare Weise erweitert und ergänzt, auch wenn ich die Erde nicht gleich für eine Art Lebewesen halte. Ich habe im Laufe meines Lebens als Biologe immer stärker den Eindruck gewonnen, dass die Wahrnehmung der Bedeutung von Symbiose in unserem biologischen Weltbild irgendwie untergegangen ist. Immer öfter fand ich nämlich Beispiele dafür, dass nicht Konkurrenz und der Sieg der Stärksten, sondern gemeinsames Handeln ökologische Lebensgemeinschaften stark macht.

Vernetzung als Erfolgsmodell der Evolution
Symbiose ist überall und *Gemeinsam sind wir stark* – diese Erkenntnisse setze ich in der von mir geleiteten Naturschutzorganisation regelmäßig im Unterricht für Jugendliche ein. Und wahrscheinlich mache ich das bis zu einem gewissen Grad auch für mich selbst. Denn die Welt erscheint nicht allein ökologisch in einem derartig beklagenswerten Zustand, dass ich als Lehrer oft nicht mehr weiß, welche positive Botschaft ich Kindern und Jugendlichen überhaupt mitgeben kann. In dieser

trostlosen Situation wurde die überragende Bedeutung der Symbiose in der Natur bereits vor Jahren zu einem neuen psychologischen und pädagogischen Lichtblick für mich. Zu einer Krücke für mich selbst. Plötzlich hatte ich eine naturwissenschaftlich hieb- und stichfeste Botschaft parat, die man Jugendlichen in Zeiten der Verstädterung und Naturentfremdung mit auf den Weg geben kann: Partnerschaften sind eine wesentliche Grundlage des stammesgeschichtlichen Fortschritts. Freundschaften sind überall rund um uns. Man muss nur die Augen öffnen und sich informieren. Auch wenn die Erde kein selbstregulierender Gaia-Superorganismus ist: Freundschaft ist in dieser Welt voller Egoismen keinesfalls out, sie ist sehr wahrscheinlich sogar eines der wesentlichsten Erfolgsmodelle der Evolution. Wir sind alle vernetzt, also lohnt es sich, der Natur zu helfen – denn damit helfen wir uns als Teil des Netzwerks auch selbst. Die Natur liefert uns eine sachlich vertretbare, sympathische Weltsicht ohne jede schädliche Begleitideologie. In dieser Weltsicht spielen vernetzte und vernetzende Pilze eine Schlüsselrolle.

Halten Sie es auch jetzt noch für eine Übertreibung, wenn ich zu Beginn des Buches eine Ergänzung unseres anthropozentrischen Weltbilds um mykozentrische Aspekte vorgeschlagen habe?

Aus Liebe zum Leben

Mit mehr *Biophilia* und *Mykophilia* ausgestattet, der Liebe zum Leben und zu Pilzen, die Abgase unserer Motoren möglichst zielstrebig reduzierend und mehr Terpene des Waldes atmend, werden wir uns bei der erstbesten Gelegenheit wieder in den Wald begeben und Spuren der verborgenen Fadenzieher unserer Welt, der Fungi suchen. Ist es verwunderlich, fragt Piero Calamandrei, **227** der Poet der Pilzsammler, *dass ihn gegen Ende September dasselbe Fieber packt wie beim ersten Mal, mit fünf Jahren unter den Pinien von Montauto?* Welch ein glücklicher Mensch! *So wie sich die alten Jäger in der Jagdsaison im Oktober wieder jung fühlen, wenn sie die Drosseln im Ginster singen hören, vergesse ich Jahre und Sorgen, wenn ich an den Duft der Pilze denke, den die Septembersonne aus jener moosigen Suppe der ersten Regenfälle aufsteigen lässt ... alle strömen sie in den Wald: In jenen wenigen Tagen finden sie ihre Lebensfreude wieder, das Glück, frei arbeiten zu können, versöhnt mit der Welt ...*

Keiner von uns möchte, dass sich der Mensch noch weiter von der natürlichen, rhythmischen Naturordnung löst, wie es in modernen Zivilisationen passiert. Vielmehr wollen wir uns Calamandreis Credo anschließen: *Ich liebe Pilze, denn sie sind Zwitterwesen auf halbem Wege zwischen Tier und Pflanze ... geheimnisvolle, zwischen Fauna und Flora schwankende Hybriden ... Könige und Imperien kommen und gehen; Blumen, Pilze und Vögel jedoch kehren zu ihrer Zeit immer wieder ...*

Zum Abschluss wünsche ich Ihnen, mir, unseren Nachkommen und den Mitgeschöpfen aus all den unterschiedlichen Organismenreichen: Möge unser *Planet der Pilze* nicht durch eine einzelne Spezies – nämlich uns selbst – irreparable Schäden davontragen!

ANMERKUNGEN

1 Akiyama, K., Matsuzaki, K.-i., and Hayashi, H. (2005): Plant sesquiterpenes induce hyphal branching in arbuscular mycorrhizal fungi. Nature 435, 824-827

2 Bouwmeester H.J., Roux Ch., Lopez-Raez J.A., Bécard G. (2007): Rhizosphere communication of plants, parasitic plants and AM fungi. Review. TRENDS in Plant Science 12, 5

3 Grishkan I., Zaady E., Nevo E. (2006): Soil crust microfungi along as southward rainfall gradient in desert ecosystems. Eur. J. Soil Biol. 42: 33-42

4 Bennington-Castro J. (2013): This Fungus Is Growing All Over Your Body. http://io9.gizmodo.com/meet-the-fungi-growing-all-over-your-body-509212796

5 Zahlreiche Lehr- und Fachbücher informieren über die medizinische Mykologie, z.B. Dermoumi H. (2008): Bestimmungsbuch für Pilze in der Medizin. Ein praktischer Leitfaden mit mikroskopischen Bildern. Lehmanns Media, Berlin. Hof H, Dietz A (2014): Glossar der medizinischen Mykologie: die Sprache der Mykologen, teilweise veranschaulicht durch Bilder. Aesopus-Verl., Linkenheim-Hochstetten

6 Lindequist U., Niedermeyer T.H.J, Jülich W.D. (2005): The Pharmacological Potential of Mushrooms. Evid Based Complement Alternat Med. 2(3): 285–299

7 Der Himmel voller Pilze, Max-Planck-Gesellschaft, mpg.de

8 Raghukumar Ch. (2010): A Review on Deep-sea Fungi: Occurrence, Diversity and Adaptations Botanica Marina, 3(6), 479-492

9 http://www.tandfonline.com/doi/pdf/10.1080/21501203.2015.1042536

10 Hagara L. (2014): Ottova encyklopédia húb. Ottovo nakla-
datel'stvo. Die Enzyklopedie enthält unvorstellbare 3.100
Artbeschreibungen

11 Auch viele Informationen in diesem Buch stammen aus
einem der besten Werke, die ich jemals über Pilze gelesen
habe, geschrieben vom slowakischen Mykologen Pavol
Škubla. Leider ist das 1989 erschienene Buch Tajomné huby
(Geheimnisvolle Pilze) nur auf Slowakisch erhältlich.

12 http://www.bfr.bund.de/cm/350/aerztliche_mitteilungen_
bei_vergiftungen_2001.pdf

13 Jiří Baier, seine Ansichten halten andere Mykologen für
übertrieben; allem voran die krebserregende Wirkung von
Schimmel. Aber auf jeden Fall stimmt: verschimmelte Pilze
nie sammeln!

14 Jeandroz S. et al. (2008): Molecular phylogeny and historical
biogeography of the genus *Tuber*, the »true truffles«

15 indexfungorum.org

16 Talou T., Delmas M., Gaset A. (1987): Principal constituents
of black truffle (*Tuber melanosporum*) aroma. Journal of Ag-
ricultural and Food Chemistry 35 (5), 774-777

17 Dumaine J.-M. (2010): Trüffeln – die heimischen Exoten:
60 Rezepte und viel Wissenswertes über die mitteleuropäischen Arten. AT Verlag

18 Nach den Autoren Breitenbach und Kränzlin in den »Pilzen
der Schweiz«

19 Příhoda A. (1972): Houbařův rok: Houbařské vycházky od
jara do zimy

20 Batbayar S. et al. (2012): Immunomodulation of Fungal
β-Glucan in Host Defense Signaling by Dectin-1 Biomol
Ther. 20(5):433-45

21 Durch Robert Coffan von der Southern Oregon University im oberen Rogue River im US-Bundesstaat Oregon. Ein schönes Foto der Art zeigt das Internetlexikon Wikipedia.

22 Schaumann K., Hofrichter R. (2003): Fungi (Pilze) und heterotrophe Chromista (pilzähnliche Protisten). In: Hofrichter, R. (Ed.) Das Mittelmeer – Fauna, Flora, Ökologie. Spektrum Akademischer Verlag, Heidelberg/Berlin, Bd. II/1

23 Ivarsson M. et al.: Fungal colonies in open fractures of subseafloor basalt. diva-portal.org

24 z. B. Suryanarayanan T.S., Johnson J.A. (2014): Fungal Endosymbionts of Macroalgae: Need for Enquiries into Diversity and Technological Potential, esciencecentral.org

25 http://science.sciencemag.org/content/early/2016/07/20/science.aaf8287.full

REGISTER DER ERWÄHNTEN PILZARTEN UND IHRE WISSENSCHAFTLICHEN NAMEN

DANKSAGUNG

Für das Umfeld unsichtbar standen am Anfang des Projekts Michael Korth und Ing. Gerald Blaich aus dem Waldviertel (Niederösterreich). Meine Freunde, ich danke euch! Die Agentur Arrowsmith und Ralf Markmeier vom Gütersloher Verlagshaus legten anschließend den Grundstein – ich danke für das in mich gelegte Vertrauen. Schon bald traten wunderbare Lektoren auf den Plan und begleiteten mich auf ihre sehr professionelle und ebenso freundliche Art: Dr. Oliver Domzalski für die Agentur Arrowsmith und Diedrich Steen für das Gütersloher Verlagshaus. Es war ein gutes Gefühl sie an meiner Seite zu haben; ich schätzte ihre Hilfe sehr! Herr Steen war bis zur Drucklegung ein »Fels in der Brandung« für mich, danke! Im Hintergrund setzten sich zahlreiche weitere Mitarbeiterinnen des Verlags für Fortschritte des Projekts und den Erfolg ein, ich danke ihnen allen, besonders aber Gudrun Krieger und Beate Nottbrock. Die Pilzexperten Dr. Lothar Krieglsteiner, Dr. Ladislav Hagara (der den größten Pilzatlas der Welt schuf und mir bis zuletzt bei der Bestimmung von Pilzen nach Fotos half, was schwer und nicht immer möglich ist) und Franz Schmaus von *MykoTroph* unterstützten mich freundlich mit ihrem Fachwissen.

Meine Freunde Christoph Volker und Dr. Walter Buchinger standen mir zur Seite, um Fehler im Manuskript auszumerzen und Verbesserungsvorschläge einzubringen. In der finalen Phase der Arbeit am Buch leistete der Pilzkenner Andreas Kunze wertvolle Hilfe. Auch Ingrid Hagenstein und Wolfgang Schruf vom Naturschutzbund Österreich setzen sich für das »Projekt Pilze im weiteren Sinn« ein, und Ingrid Pilz (nomen est

236

omen) und Dr. Johanna Üblagger halfen mir mit Korrekturen. Ihnen allen gilt mein aufrichtiges und tief empfundenes Dankeschön! Dieses Buch hat somit viele Mütter und viele Väter. Last but not least möchte ich meiner Frau Maruška danken, der dieses Buch gewidmet ist. Sie passte während der monatelangen Wanderungen auf den Spuren der Pilze auf mich auf und sorgte für mein leibliches Wohl, so dass ich auf »Nebensächlichkeiten des Lebens« wie Haushalt, Einkäufe, Rechnungen, Wäsche und ähnliche Dinge gar keine Gedanken verschwenden musste und mich auf das wirklich Wesentliche auf dieser Welt konzentrieren konnte: die Pilze …

Für alle Lebensliebhaber bietet das Gütersloher Verlagshaus
Durchblick, Sinn und Zuversicht. Wir verbinden die Freude am Leben
mit der Vision einer neuen Welt.

UNSERE VISION
EINER NEUEN WELT

**Die Welt, in der wir leben,
verstehen.**

**Wir sehen Menschlichkeit
als Basis des Miteinanders:**
Mitgefühl, Fürsorge und Beteiligung lassen niemanden verloren
gehen. Wir stehen für gelingende
Gemeinschaft statt individueller
Glücksmaximierung auf Kosten
anderer.

....

**Wir leben in einer
neugierigen Welt:**
Sie sucht ehrgeizig und mitfüh-
lend Lösungen für die Fragen
unseres Lebens und unserer
Zukunft. Wir fragen nach neuem
Wissen und drücken uns nicht vor
unbequemen Wahrheiten – auch
wenn sie uns etwas kosten.

....

**Wir leben in einer
Gesellschaft der offenen Arme:**
Toleranz und Vielfalt bereichern
unser Leben. Wir wissen, wer
wir sind und wofür wir stehen.
Deshalb haben wir keine
Angst vor unterschiedlichen
Weltanschauungen.

**Das Warum und Wofür
unseres Lebens finden.**

**Erfahren, was uns im Leben
trägt und erfreut.**

**Wir helfen einander,
uns selber besser zu verstehen:**
Viele Menschen werden sich erst
dann in ihrem Leben zuhause
fühlen, wenn sie den eigenen We-
senskern entdecken – und Sinn in
ihrem Leben finden.
....

**Wir ermutigen Menschen, zu ihrer
Lebensgeschichte zu stehen:**
In den Stürmen des Alltags geben
wir Halt und Orientierung. So
können sich Menschen mit ihren
Grenzen aussöhnen und zuver-
sichtlich ihr Leben gestalten.
....

**Wir haben den Mut, Vertrautes
hinter uns zu lassen:**
Neugierde ist die Triebfeder eines
gelingenden Lebens. Wir wagen
Neues, um reich an Erfahrung zu
werden.

**Wir glauben an die Vision
des Christentums:**
Die Seligpreisungen der Bergpre-
digt lassen uns nach einer neuen
Welt streben, in der Vereinsamte
Zuwendung, Vertriebene Zuflucht,
Trauernde Trost finden – und
Gerechtigkeit, Barmherzigkeit
und Frieden herrschen.
....

**Wir geben Menschen die
Möglichkeit, den Glauben (neu)
zu entdecken:**
Persönliche Spiritualität gibt
Kraft, spendet Trost und fördert
die Achtung vor der Schöpfung
sowie die Freude am Leben.
....

**Wir stehen mit Respekt vor
der Glaubenserfahrung anderer:**
Wissen fördert Dialog und Verständnis, schützt vor Fundamen-
talismus und Hass. Wir wollen
die Schätze anderer Religionen
kennenlernen, verstehen und
respektieren.

GÜTERS**DIE**
LOHER**VISION**
VERLAGS**EINER**
HAUS**NEUENWELT**

Bibliografische Information der Deutschen Nationalbibliothek
Die Deutsche Nationalbibliothek verzeichnet diese Publikation
in der Deutschen Nationalbibliografie; detaillierte bibliografische
Daten sind im Internet über https://portal.dnb.de abrufbar.

Verlagsgruppe Random House FSC® N001967

2. Auflage, 2017
Copyright © 2017 Gütersloher Verlagshaus, Gütersloh,
in der Verlagsgruppe Random House GmbH,
Neumarkter Str. 28, 81673 München

Umschlag- und Innenteilfotos: © Robert Hofrichter
Druck und Bindung: GGP Media GmbH, Pößneck
Printed in Germany
ISBN 978-3-579-08676-7

www.gtvh.de

.